有机化学实验

主　编　杨　芬
副主编　刘品华　张鸭关
　　　　李贵军　刘建军

天津出版传媒集团
天津科学技术出版社

图书在版编目(CIP)数据

有机化学实验 / 杨芬主编. — 天津 ：天津科学技术出版社，2023.6

ISBN 978-7-5742-1240-4

Ⅰ. ①有… Ⅱ. ①杨… Ⅲ. ①有机化学-化学实验-高等学校-教材 Ⅳ. ①O62-33

中国国家版本馆 CIP 数据核字(2023)第 095437 号

有机化学实验

YOUJI HUAXUE SHIYAN

责任编辑：陶　雨

出版：天津出版传媒集团 / 天津科学技术出版社

地址：天津市西康路 35 号

邮编：300051

电话：(022) 23332400

网址：www.tjkjcbs.com.cn

发行：新华书店经销

印刷：天津市蓟县宏图印务有限公司

开本 787×1092　1/16　印张 12.25　字数 258 000

2024 年 1 月第 1 版　2024 年 1 月第 1 次印刷

定价：49.80 元

前 言

实验是教学实践与科学创新的重要途径。有机化学实验是化学、化工、材料、生物、医学、药学等相关专业的必修实践课,在化学及相关学科的创新型人才培养中起着关键作用。在教学工作中应以培养创新型人才为核心,促进学生在知识、技能、素质和思维方面得到全面快速的发展,让学生不仅具有扎实的理论知识、娴熟的操作技能,还具有创新的科学思维,毕业后能适应科研、技术等各种岗位。

全书共分为四章,包括有机化学实验的基本知识、有机化学实验的基本操作技术、有机化合物的制备实验和综合习题,其中“有机化学实验的基本知识”“有机化学实验的基本操作技术”与传统有机化学实验教材的编排方式大致相同,但在实验技术和实验内容上结合教改成果进行了更新。“有机化合物的制备实验”尽可能涵盖师范院校开展的实验内容,在实验方案的编写上突出教改成果,实验方案尽量详尽,随着学生实验技能的提高,方案更加注重学生学会综合运用化学知识,真正做到提高分析问题和解决问题的能力。也设置一些具有一定难度或具有较大挑战性的实验内容,学生通过查阅文献,自己设计研究方案,可以发挥想象力,使创新意识和能力受到启发与锻炼,还可以进一步培养科学思维和科学素养。综合习题适当选编了各种类型的题目供学生练习。希望本书能对化学及相关学科的教学工作起到促进作用。

本书在编写过程中参考了大量文献资料,借鉴和吸收了众多学者的研究成果,在此深表谢意。由于编者水平有限,书中缺点和错误在所难免,敬请读者和专家批评指正。

编 者

2023 年 6 月

前言

目　录

第1章 有机化学实验的基本知识

实验目标

1.掌握有机化学实验的基本思路。掌握研究化学实验的合成、分离、鉴定等基本思路。掌握有机化学实验常用的仪器设备。掌握有机实验室安全注意事项及应急处理方法。

2.理解合成、分离、鉴定的基本过程思路要求。

3.熟悉有机化学实验室基本情况。

实验重点

1.掌握有机化学实验的基本思路。

2.掌握合成、提取、分离、鉴定的一般方法要求。

3.掌握实验室安全注意事项和应急处理方法。

4.熟悉实验室的水、电开关，门窗、通风柜的使用及开关，熟悉灭火器的使用方法。

5.掌握有机化学实验的基本要求和实验报告的撰写要求。

实验难点

1.有机化学实验的基本思路。

2.合成、提取、分离、鉴定的一般方法要求。

有机化学实验的一般知识

当你打开百度,搜索实验室爆炸,你就会发现来自于国内外高校的化学实验室爆炸事故层出不穷。

2018 年 12 月 26 日,北京交通大学东校区 2 号楼实验室内学生进行垃圾渗滤液污水处理科研试验时发生爆炸。经核实,事故造成 3 名参与实验的学生死亡。2014 年德国卡尔斯鲁厄理工学院一间实验室爆炸,14 人受伤。高校实验室危险事故频发,安全状况不容忽视。死亡、重伤这些字眼听着就让人害怕,也许你会认为百度上的化学实验室事故距离自己非常非常的遥远,但是做化学实验的人对于烫伤、割伤、灼伤以及实验室药品的味道都不陌生,这些都在提醒我们在开始化学实验之前,我们要学会实验室的安全知识,学会保护自己。

实验室中的任何一个隐患,任何一个小小的疏忽,都有可能酿成大的事故,造成难以估量的损失。科研工作者在进入实验室之前,都要进行安全知识的培训。在进行化学实验的过程中,都不可避免地会接触到各式各样的化学药品,在使用这些化学药品之前,都应当对这些化学药品的性质进行调研。

有机化学实验是四大基础化学实验之一,在自然界中,物质往往是以比较复杂的有机状态存在,如动物、植物等,所以掌握有机化学实验这门课的重要性是显而易见的。

有机化学反应不像无机反应那样时间短、现象明显、产物容易分离。有机化学合成反应特点是时间长、副产物多,需要复杂的提纯过程,而且都要经过加热才能完成。所以有机化学实验的大部分基本操作是跟加热、提纯相关的操作。如回流、蒸馏、分馏、重结晶、萃取、升华等,而有机化学的合成实验,大多是上面这些基本操作的合理利用。

1.1 学习有机化学实验的目的

启发智力和培养工作能力。通过本课程的教学,掌握熔点测定、蒸馏及

沸点测定、分馏、萃取、重结晶、水蒸气蒸馏、减压蒸馏、搅拌、回流等基本操作;能根据实验课题,正确选择仪器、安装装置和设计合理的分离提纯方法,应用理论课知识解决实验中出现的问题;熟悉应用基本有机化学反应来合成各类有机化合物。配合理论课教学,加深理解和掌握理论知识;培养学生理论联系实际的工作作风,严谨的科学态度,良好的实验(工作)习惯,细致的观察能力、思维能力,以及综合分析问题和解决问题的能力。

1.2　有机化学实验室规则

在有机化学实验中,经常会使用到一些有毒、易燃、易爆和腐蚀性的化学试剂及易碎的玻璃仪器或瓷质的器皿,若操作不当,极易引起中毒、爆炸、火灾、烧伤或割伤等事故,为保障实验教学和科研安全、高效地进行,学生在实验室应自觉遵守以下规则。

(1)切实做好实验前的准备工作(预习、实验器材的准备)。实验前,认真预习有关实验的实验原理、实验内容并查阅相关的参考资料。了解每一步操作的目的和意义及实验中的关键步骤和难点,了解有关仪器的性能和配置,并写好实验报告,一定要对实验内容做到心中有数,不要做实验时边看边做,以免降低实验效果。

(2)进入实验室时,应熟悉实验室的灭火器材、急救药箱的放置地点和使用方法。严格遵守实验室的安全守则和每个实验操作中的安全注意事项。若发生意外事故应及时处理并报请老师作进一步处理。

(3)实验时应遵守纪律,保持安静。要精神集中,认真操作,细致观察,积极思考,忠实记录,实验过程中不得擅自离开。

(4)遵从教师的指导。若要更改实验内容,须征求教师同意,才可改变。综合性、探索创新实验项目必须在实验教师的指导下拟定出可行的实验方案。

(5)应保持实验室的整洁。做到仪器、桌面、地面和水槽“四净”。固体废弃物及废液应倒入指定容器,收集后统一处理。

(6)爱护公共仪器和工具,应在指定的地点使用,并保持整洁。要节约用水、电和药品。如有损坏仪器要办理登记换领手续。

(7)实验完毕,应关好水、电,做好实验台面的清洁,交还实验仪器,请老师签字后,方可离开。

(8)值日生应打扫实验室,把废物容器倒净。

1.3 化学实验的安全防护

在有机化学实验中,经常使用各种化学药品和仪器设备,以及水、电、煤气,还会经常遇到高温、低温、高压、真空、高电压、高频和带有辐射源的实验条件和仪器,若缺乏必要的安全防护知识,会造成生命和财产的巨大损失。

1.3.1 实验室安全守则

(1)实验前必须了解所用试剂的性能、危害及使用注意事项。

(2)实验开始前应检查仪器是否完整无损,装置是否正确,在征得指导教师同意之后,才可进行实验。

(3)实验进行时,不得离开岗位,要随时注意反应进行的情况和装置有无漏气、破裂等现象。

(4)当进行有可能发生危险的实验时,要根据实验情况采取必要的安全措施,如戴防护眼镜、面罩和橡胶手套等。

(5)使用易燃、易爆试剂时,应远离火源。实验试剂不得随意散失、遗弃,实验试剂不得入口。实验结束后要仔细洗手。

(6)易燃、易挥发试剂不得放在敞口容器中加热。蒸馏、回流、分馏等加热仪器装置不得密闭,一定要与大气相通。

(7)熟悉安全用具如灭火器材、沙箱及急救药箱的放置地点和使用方法,并妥善保管。安全用具和急救用品不准移作他用。

1.3.2 实验室常见事故的预防

1.防毒

大多数化学药品都有不同程度的毒性。有毒的化学药品可通过呼吸道、消化道和皮肤进入人体而使人中毒。烃、醇、醚等有机物对人体有不同程度

的麻醉作用;三氧化二砷、氰化物、氯化汞是剧毒品,吸入少量就会致死。

2.防毒注意事项

(1)实验前应了解所用药品的毒性、性能并做好防护措施。

(2)使用有毒气体(如 H_2S,Cl_2,Br_2,NO_2,HCl,HF)应在通风橱中进行操作;在反应过程中可能生成有毒或有腐蚀性气体的实验也应在通风橱内进行,使用后的器皿应及时清洗。在使用通风橱时,实验开始后不要将头伸入橱内。

(3)苯、四氯化碳、乙醚、硝基苯等蒸气久吸会使人嗅觉减弱,必须高度警惕。

(4)有机溶剂能穿过皮肤进入人体,应避免直接与皮肤接触。

(5)剧毒药品如汞盐、镉盐、铅盐等应妥善保管,不许乱放;实验后的有毒残渣必须进行妥善而有效的处理,不准乱丢。

(6)实验操作要规范,离开实验室要洗手。

(7)吸入气体中毒。应尽快将中毒者移至室外,解开衣领及纽扣,根据吸入气体类别再进行处理。若吸入大量氯气或溴气,可用碳酸氢钠溶液漱口,但不可进行人工呼吸;若吸入氯化氢气体,可吸入少量乙醇和乙醚的混合蒸气使之缓解。

(8)平时也要注意打开窗户,改善实验室内通风状况。

3.防火

(1)不能用敞口容器加热和放置易燃、易挥发的化学试剂;应根据实验要求和物质的性质选择正确的加热方法,如,蒸馏沸点低于80℃的液体时应采用水浴,不能直接加热。

(2)乙醚、酒精、丙酮、二硫化碳、苯等有机溶剂易燃,实验室不得存放过多,切不可倒入下水道,以免集聚引起火灾。

(3)尽量防止或减少易燃物蒸气的外逸。处理和使用易燃物时,应远离火源,注意室内通风,及时将蒸气排出。

(4)万一着火,应冷静判断情况,采取适当措施灭火;可根据不同情况,选用水、沙、泡沫、二氧化碳灭火器或四氯化碳灭火器灭火。四氯化碳灭火器用于扑灭电器内或电器附件的火,但不能在狭小和通风不良的实验室使用,因为四氯化碳在高温时生成剧毒的光气,此外四氯化碳与钠接触也会发生爆炸。使用时只需连续抽动唧筒,四氯化碳即由喷嘴喷出。二氧化碳灭火器的钢筒内装有压缩的液体二氧化碳,使用时打开开关,二氧化碳气体喷出,用于扑灭有机物及电器设备着火。泡沫灭火器内部分别装有含发泡剂的碳酸氢钠溶液和硫酸铝溶液,使用时将筒身颠倒,两种溶液即反应生成硫酸氢钠、氢氧化铝及大量二氧化碳,灭火筒内压力突然增大,大量二氧化碳泡沫喷出。非大火一般不用泡沫灭火器,因后处理复杂。油类着火,要用沙土或灭火器灭火,也可撒干燥的固体碳酸氢钠粉末。电器着火,应先切断电源,然后用二氧化碳灭火器或四氯化碳灭火器灭火,绝不能用水和泡沫灭火器灭火,因为水和泡沫能导电,会使人触电甚至死亡。衣服着火,切勿奔跑,应立即用灭火毯隔绝空气而灭火。

(5)用油浴加热蒸馏或回流时,特别要注意避免冷凝用水溅入热油浴中致使油外溅到热源上而引起火灾。发生这种事故的原因主要是橡皮管与冷凝管连接不紧密,橡皮管弯折,开动水阀过快,水流过猛将橡皮管冲出。所以,橡皮管套入冷凝管侧管时要紧密,开动水阀时动作要慢,使水流慢慢通入冷凝管内。

(6)用易燃溶剂进行重结晶时,加热溶解装置要装上回流冷凝管,趁热过滤操作要远离火源。

(7)不得将燃着或者带有火星的火柴梗或纸条等乱扔,也不得丢入废物缸中,否则会发生危险。

4.防爆

化学药品的爆炸分为支链爆炸和热爆炸。氢、乙烯、乙炔、苯、乙醇、乙醚、丙酮、乙酸乙酯、一氧化碳、水煤气和氨气等可燃性气体与空气混合至爆炸极限,一旦有热源诱发,极易发生支链爆炸。

过氧化物、高氯酸盐、叠氮铅、乙炔铜、三硝基甲苯等易爆物质,受震或受热可能发生热爆炸。

5.防爆措施

蒸馏、回流等加热装置必须正确,不能造成密闭体系,应使装置与大气相通;减压蒸馏时,不能用平底烧瓶、锥形瓶、薄壁试管等不耐压容器作为接收

瓶或蒸馏瓶,否则易发生爆炸,应选用圆底烧瓶作为接收瓶或蒸馏瓶。无论是常压蒸馏还是减压蒸馏,均不能将液体蒸干,以免局部过热或产生过氧化物而发生爆炸。对于防止支链爆炸,主要是防止可燃性气体或蒸气散失在室内空气中,所以必须保持室内通风良好。当大量使用可燃性气体时,应严禁使用明火和可能产生电火花的电器。使用乙醚等醚类时,必须检查有无过氧化物存在。如果发现有过氧化物存在,应立即用亚硫酸钠或硫酸亚铁除去过氧化物才能使用。同时,使用乙醚时应在通风较好的地方或在通风橱内进行。

对于预防热爆炸,强氧化剂和强还原剂必须分开存放,使用时轻拿轻放,远离热源。卤代烷勿与金属钠、钾接触,因反应剧烈易发生爆炸。

6.防灼伤

除了高温以外,液氮、强酸、强碱、强氧化剂、溴、磷、钠、钾、苯酚、醋酸等物质都会灼伤皮肤,应注意不要让皮肤与之接触,尤其防止溅入眼中。如果眼睛受到化学灼伤,最好的方法是立即用洗眼器的水流洗涤,避免水流直射眼球,也不要揉搓眼睛。用大量的细水流冲洗后,如果是碱灼伤,再用20%硼酸溶液淋洗;如果是酸灼伤,则用3%碳酸氢钠溶液淋洗。溴烧伤不好愈合,渗透性和毒害性都强,应立即用乙醇或甘油洗涤伤处,再用水冲洗。皮肤上受强酸腐蚀,立即用大量水冲洗,以免深度受伤,再用稀 $NaHCO_3$(5%碳酸氢钠溶液)涂洗伤处。皮肤上受浓碱腐蚀,立即用大量水冲洗,再用2%醋酸溶液或1%硼酸溶液冲洗,最后用水洗。

7.安全用电

人身安全防护:实验室常用电为频率220V~380V的交流电。人体通过1mA的电流,便有发麻或针刺的感觉,10mA以上人体肌肉会强烈收缩,25mA以上则呼吸困难,就有生命危险;直流电对人体也有类似的危险。

为防止触电,应做到以下几点。

(1)修理或安装电器时,应先切断电源。

(2)使用电器时,手要干燥。

(3)电源裸露部分应有绝缘装置,电器外壳应接地线。

(4)不能用试电笔去试高压电。

(5)不应用双手同时触及电器,防止触电时电流通过心脏。

(6)一旦有人触电,应首先切断电源,然后抢救。

1.4 仪器的清洗、干燥、加热和冷却

有机化学实验做实验时应使用干净的仪器,因此在使用前和使用后均应保持实验仪器的干净。

1.4.1 仪器的清洗

原则是即用即洗(易找到处理残渣的方法及易洗涤)。应根据污垢的特点采用水洗、洗衣粉、有机溶剂、碱液、酸液、超声波等洗涤。水洗、洗衣粉(如玻璃器皿沾有油污)、有机溶剂(如玻璃器皿沾有焦油、沥青或高分子有机物)、碱液、酸液等洗净后的仪器倒置时应不挂水珠,无污物痕迹,再用自来水清洗,可供一般实验使用。焦油状物质和炭化残渣,用洗衣粉、酸、碱等常常洗刷不掉,可用铬酸洗液或氢氧化钠和乙醇洗液洗涤较好,或用超声波清洗器清洗。

1.4.2 仪器的干燥

自然风干、烘干、吹干、有机溶剂干燥等。在有机实验中,应尽量在实验前将仪器自然风干。在烘箱中烘干时,仪器放入之前要尽量倒净其中的水,仪器放入时口朝上(以免流出来的水珠滴到别的已烘干的仪器上引起炸裂),温度控制在100~120℃(标准口的仪器通常在60~80℃下烘干,不宜在过高温度下烘烤)。带有橡胶制品的仪器应先取下后才能放入烘箱干燥。冷凝管、量筒、抽滤瓶等不宜用烘箱干燥。用气流干燥器吹干时应先将仪器内残留的水分甩干,然后把仪器套到气流干燥器的多孔金属管上,注意调节热空气的温度,但不宜长期使用,否则易烧坏电机和电热丝。如果体积较小的仪器急需干燥时,可将洗净的仪器先用少量的乙醇洗涤一次,然后用吹风机把仪器吹干(乙醇应倒入回收瓶中)。

1.4.3 加热

在室温条件下,某些反应难以发生或反应很慢,为了加快反应速率,常采

用加热的方法升高反应温度。此外，物质的蒸馏、升华等操作也需要加热。注意：玻璃仪器一般不使用明火加热，以避免温度剧烈变化和受热不均，造成仪器破损，引起燃烧等事故；同时，局部过热可能造成有机化合物部分分解、副反应增加等。为了避免直接加热可能带来的弊端，实验中常根据具体情况采用不同的间接加热方式。

1.酒精灯加热

该加热方式操作简单，常在反应时间不长，加热温度不太高，溶剂不容易燃烧的情况下采用。加热时，应在玻璃仪器下放置石棉网，利用热空气加热，使仪器受热面扩大，受热更均匀。

2.水浴加热

当加热温度不超过80℃时，可以使用水浴加热。使用水浴加热时，将反应瓶置于水浴锅中，使水浴液面稍高于反应瓶内液面，用电热套对水浴锅加热，使水浴温度达到所需的温度范围。水浴加热比较均匀，温度容易控制，适合沸点较低物质的回流加热。

3.电热套加热

电热套是由玻璃纤维丝编织成半球形的内套，内芯也可以是刚性的陶瓷材料，提供加热的电阻丝嵌在玻璃纤维丝或陶瓷芯内，中间填上保温材料，外边加上铝制外壳。电热套加热干净、安全、加热速度快，最高可以加热到400℃左右，但控温不太准确。

4.油浴加热

操作与水浴加热类似，当加热温度在80~250℃时，可用油浴加热，其优点是受热均匀。常用硅油、液体石蜡、甘油为油浴，其中硅油是无色、无味、无毒的难挥发特体，可长时间加热并能直接观察到受热体系内的变化，因此常作为最安全、最常用的导热介质使用，当然其价格也较贵。

5.沙浴加热

通常将洁净而又干燥的细沙平铺在铁盘上，把容器半埋在沙中加热。由于沙对热的传导能力较差而散热较快，所以容器底部与沙浴接触的沙层要薄一些，以便于受热。加热沸点在80℃以上的液体时一般可以采用沙浴，玻璃容器的沙浴加热温度通常不超过200℃，以避免玻璃容器炸裂。

1.4.4 冷却

最简便的冷却方法是将盛有反应物的容器放在冷水中，如果要在低于室温的条件下进行反应，则可用水和碎冰的混合物作冷却剂。如果水的存在并不妨碍反应的进行，则可以把碎冰直接投入反应物中，这样能更有效地保持低温。如果需要把反应混合物保持在0℃以下，常用碎冰和无机盐的混合物作冷却剂，最常用的是碎冰和食盐的混合物，它实际能冷却到-18～-5℃的低温。

1.5 有机化学实验常用仪器、设备和应用范围

了解有机化学实验中所用仪器的性能、选用合适的仪器并正确地使用仪器是对每一个实验者最基本的要求。玻璃仪器一般分为普通玻璃仪器、标准磨口玻璃仪器两种。在实验室常用的普通玻璃仪器有非磨口锥形瓶、烧杯、布氏漏斗、抽滤瓶、量筒、普通漏斗、保温漏斗、分液漏斗等。标准磨口玻璃仪器是具有标准磨口、磨塞的玻璃仪器。由于口塞的标准化、系列化，磨砂密合，凡属于同类型规格的接口，均可互换，各部件能组装成各种配套仪器。当不同类型规格的部件口径不同时，可使用变径接头连接。

标准磨口玻璃仪器，均按国际通用技术标准制造。标准磨口仪的口径、塞径大小用编号表示，常用的有10、14、19、24、29、34、40等。

标准磨口玻璃仪器系列编号与其大端的直径的对照如下。

编号	10	14	19	24	29	34	40
大端直径(mm)	10.0	14.5	18.8	24.0	29.2	34.5	40.0

使用标准磨口玻璃仪器应注意以下几点。

(1)磨口保持清洁。

(2)减压操作时，在磨砂口塞表面涂以少量真空脂或凡士林。以增强磨砂接口的密合性，避免磨面的相互磨损，同时也便于接口的装拆。

(3)装配时，磨口和磨塞轻微地对旋连接，不宜用力过猛。

(4)用后立即拆卸洗净，散件存放（如带活塞的分液漏斗、磨口带塞的玻璃仪器要避免瓶塞与瓶颈口黏合）。

(5)装拆时应注意相对的角度，不能在角度偏差时进行硬性装拆。

(6)磨口套管和磨塞应该是由同种玻璃制成的。若用膨胀系数较大的磨口套管，应稍冷之后再拆卸。

1.5.1　有机化学实验常用仪器

有机化学实验中常见的标准磨口玻璃实验仪器如图 1-1 所示。

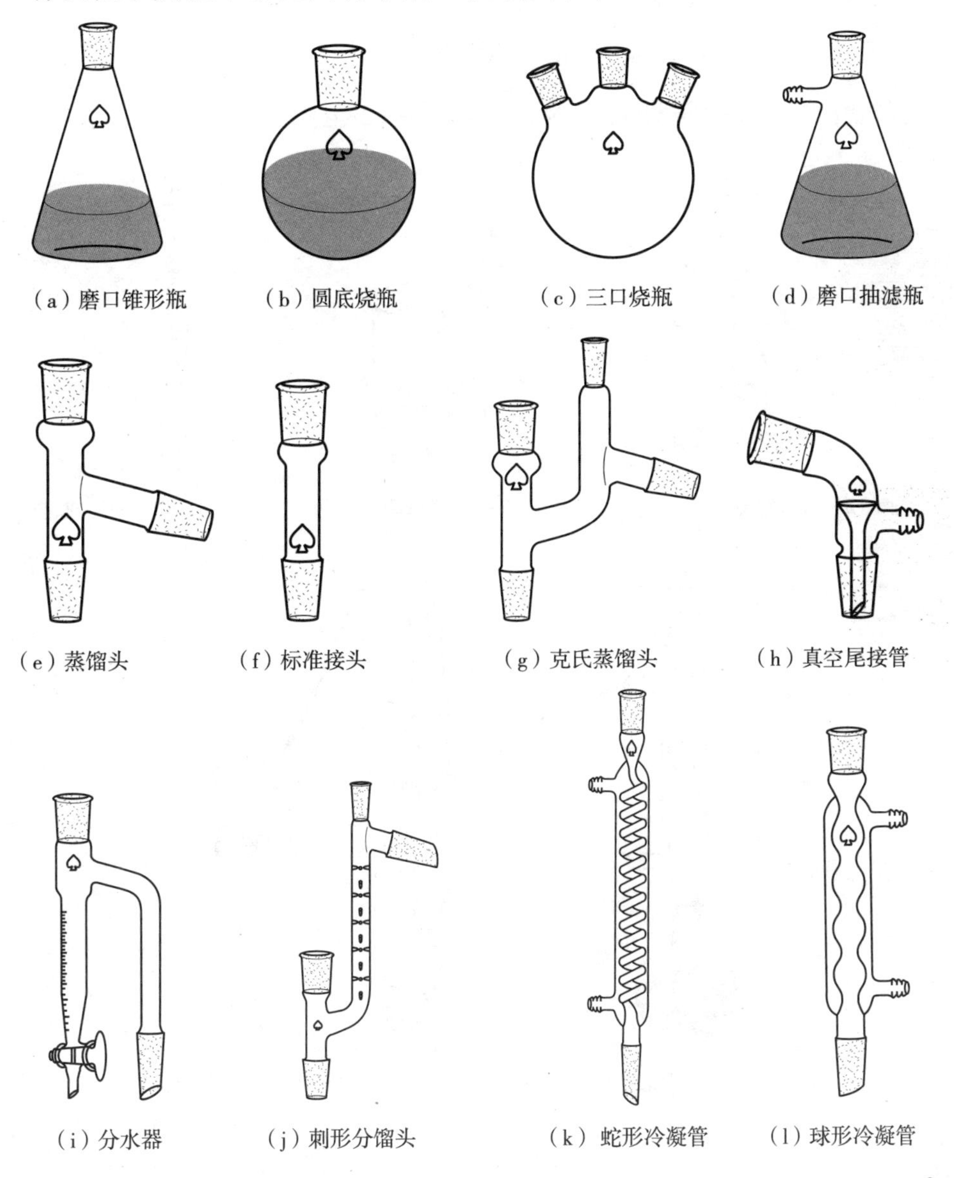

(a) 磨口锥形瓶　(b) 圆底烧瓶　(c) 三口烧瓶　(d) 磨口抽滤瓶

(e) 蒸馏头　(f) 标准接头　(g) 克氏蒸馏头　(h) 真空尾接管

(i) 分水器　(j) 刺形分馏头　(k) 蛇形冷凝管　(l) 球形冷凝管

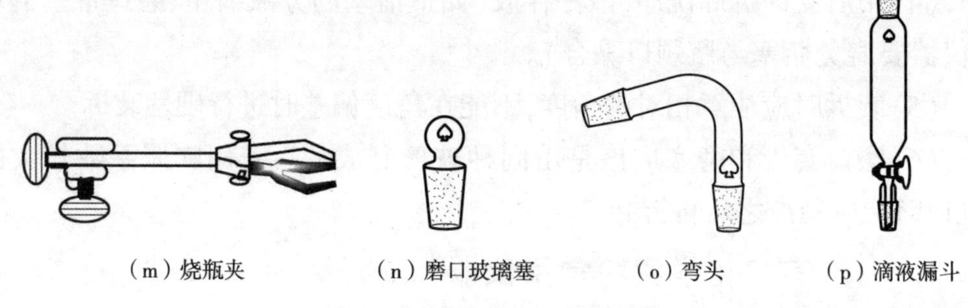

（m）烧瓶夹　（n）磨口玻璃塞　（o）弯头　（p）滴液漏斗

图 1-1　常用标准磨口玻璃仪器

1.5.2　有机化学实验常用装置

有机化学实验中常见的实验装置如图 1-2 至图 1-9 所示。

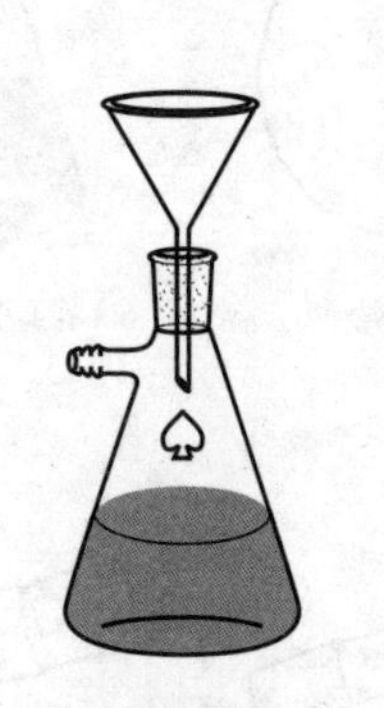

图 1-2　减压过滤装置

图 1-3　气体吸收装置

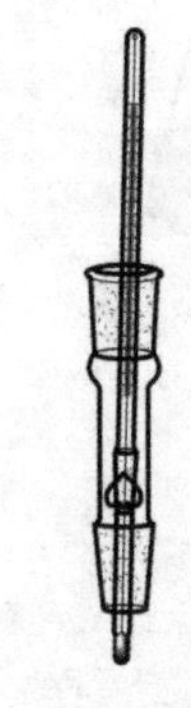

图 1-4　温度计及套管

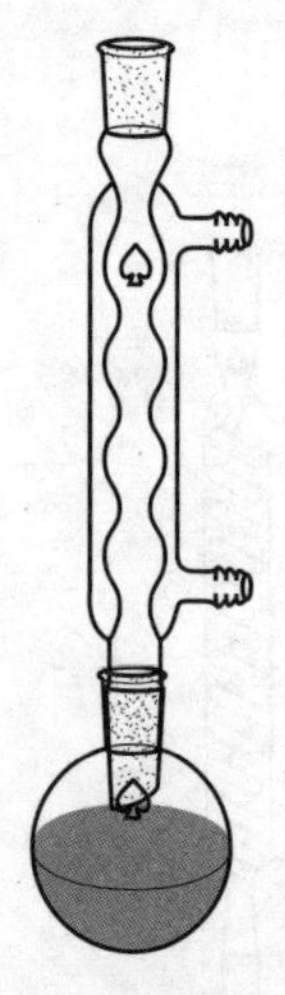

图 1-5　简单回流装置

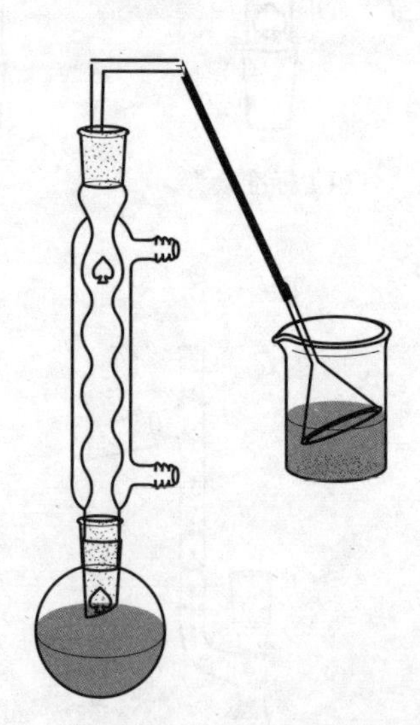

图 1-6　带气体吸收装置的回流装置

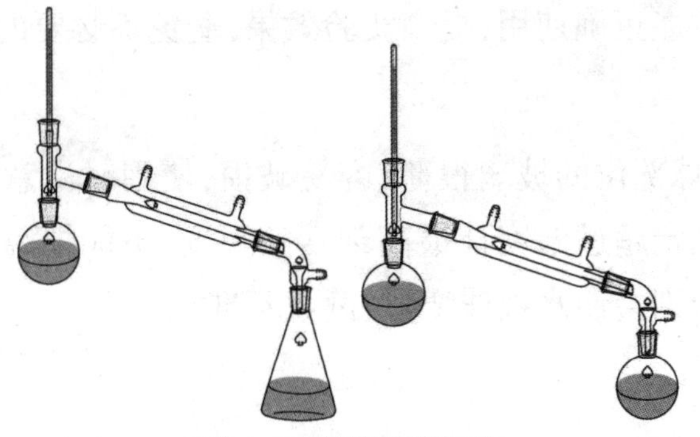

图1-7 普通蒸馏装置

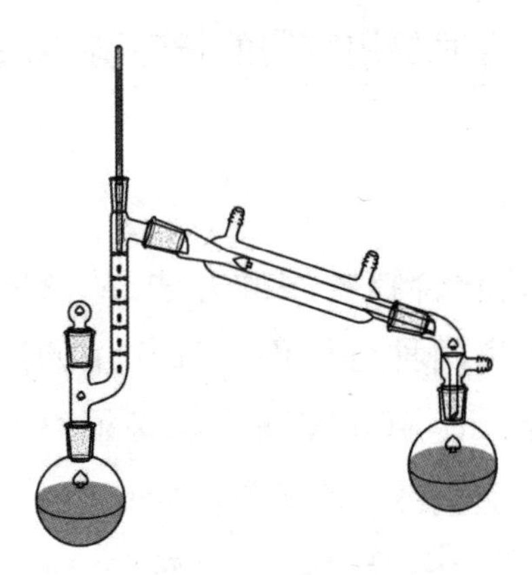

图1-8 简单分馏装置

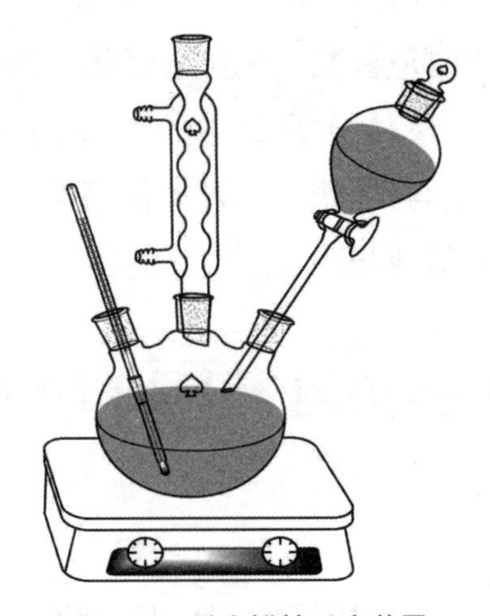

图1-9 磁力搅拌反应装置

1.5.3 常用玻璃仪器的保养

有机化学实验常用玻璃仪器的性能是不同的，必须掌握它们的性能、保

养和洗涤方法,才能正确使用,提高实验效果,避免不必要的损失。

1.温度计

温度计水银球部位的玻璃很薄,容易破损,使用时注意不能将温度计当搅拌棒用,不能测定超过温度计最高刻度的温度,不能把温度计长时间放在高温的溶剂中,否则会使水银球变形,读数不准。

2.冷凝管

冷凝管通水后很重,所以安装冷凝管时应将夹子夹在冷凝管的重心位置,以免翻倒。洗刷冷凝管时要用特制的长毛刷,用洗液或有机溶剂洗涤时,需要用软木塞塞住一端。

3.分液漏斗

萃取是分离提纯有机化合物常用的方法,从液体中萃取常用分液漏斗。分液漏斗主要应用于:分离两种分层而不起作用的液体;从溶液中萃取某种成分;用酸或碱洗涤产品。使用分液漏斗前必须检查:玻璃塞和旋塞是否紧密,如漏水应及时更换分液漏斗;旋塞是否能自由旋转,如不能应取下旋塞,用纸擦净旋塞及旋塞孔道的内壁,然后用玻璃棒蘸取少量凡士林,在旋塞两边抹上一圈凡士林,注意不要抹在旋塞的孔中,插上旋塞,逆时针旋转至透明即可使用。使用分液漏斗时应注意:不能把旋塞上附有凡士林的分液漏斗放在干燥箱内烘干;不能用手拿住分液漏斗的下端;不能用手拿住分液漏斗分离液体;上口玻璃塞上的孔与凹槽对准时才能开启旋塞放出下层液体;上层的液体不能由分液漏斗下口放出。

1.6 实验预习、记录和实验报告

1.6.1 实验预习

按照实验预习要求进行,可用实验报告单,实验前交教师检查。

(1)实验目的。

(2)实验原理(操作原理、反应原理)。

(3)原料、产物和主要的副产物的物理常数,原料用量,计算理论产量。

(4)正确清楚地画出装置图。

(5)用图表形式表示实验步骤。

(6)安全须知及本实验成败的关键。

1.6.2　实验记录

应做到及时、准确、简明,不应追记、漏记和凭想象记。

每次实验结束后原始记录连同实验产品交老师审查签字。实验原始记录附在实验报告后交教师批阅。

1.6.3　实验报告

应按实验报告要求认真完成,准备两个实验报告本轮流使用,实验报告必须有以下内容。

(1)实验目的,实验次数,任课教师。

(2)实验原理(操作原理、反应原理)。

(3)原料、产物和主要的副产物的物理常数,原料用量,计算理论产量。

(4)正确清楚地画出装置图。

(5)主要试剂和产物的物理常数。

(6)实验步骤和实验现象,如图1-10所示。

(7)产品外观、重量、产率。

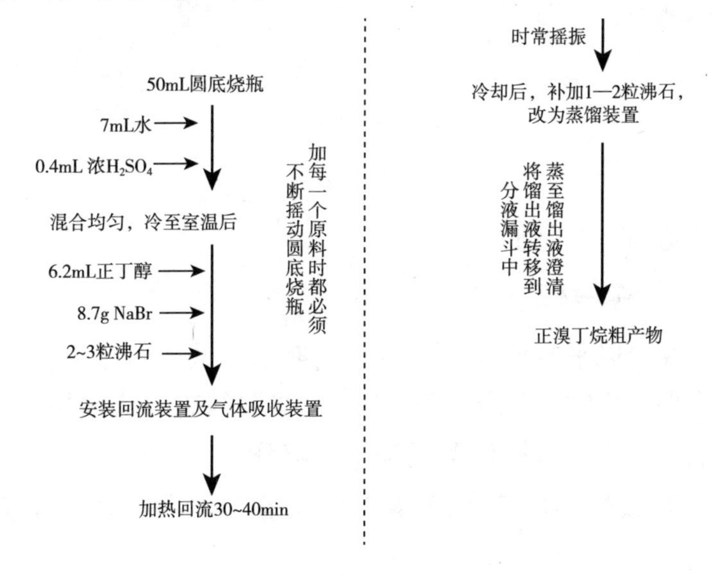

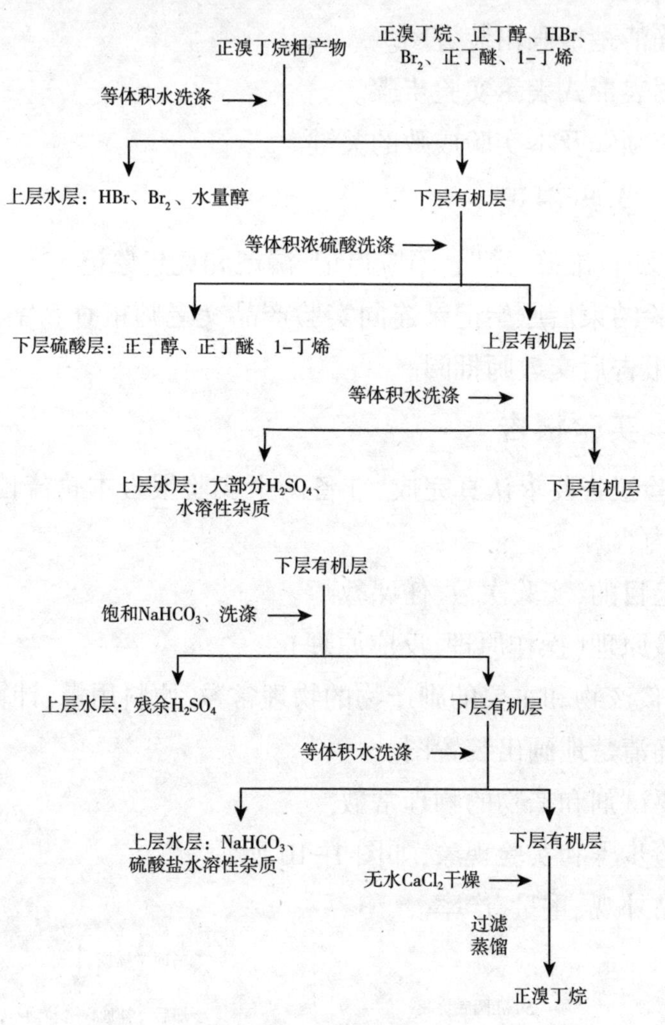

图 1-10　实验步骤

(8)讨论。

(9)思考题(每次3题)。

1.6.4　实验考核方法

(1)实验成绩以平时成绩、实验报告、期末考试共同评定。

(2)实验平时成绩:以平时教师考核记录成绩表为依据核算。

(3)期末考试为基本操作考试及笔试部分。

(4)本学期做过的所有的基本操作实验或制备实验,抽签定题,一人一题。

思考题

1.有机实验室发生下列火灾时应该怎么办?

A.小器皿内着火　　B.油类物质着火

C.衣服着火　　D.电器着火

2.使用温度计时应该注意哪些问题?

3.选用胶塞的标准是什么?

4.干燥玻璃仪器的方法有哪些?

5.玻璃仪器清洁的标志是什么?

6.实验室常用的热源有哪些?

7.在处理有毒、有腐蚀性的物质时应该注意什么?

8.实验时不慎吸入有毒气体该怎么办?

9.使用磨口仪器有哪些注意事项?

10.实验室常用的干燥剂有哪些?

11.实验室要常备的灭火器有哪些?

第2章

有机化学实验的基本操作技术

2.1 蒸馏及常量法测定沸点

实验目标

1.了解蒸馏和测定沸点的意义。

2.理解蒸馏和分馏的基本原理、应用范围。

3.熟练掌握蒸馏装置的安装和使用方法。

4.学会使用微量法测沸点。

实验重点

1.蒸馏的用途和蒸馏的原理。

2.蒸馏装置安装的规范性,安装及拆卸的方法顺序。

3.加热方法的掌握。

4.冷却方法的掌握。

5.温度计水银球的位置,沸石。

6.停止蒸馏的判断方法。

7.微量法测沸点的装置安装及加热方法。

实验难点

1.蒸馏方法的用途(分离、测沸点的条件及使用范围)。

2.蒸馏装置安装的规范性，安装及拆卸的方法顺序。
3.蒸馏速度控制。
4.收集蒸馏的条件判断。
5.微量法测沸点的气泡判断。
6.温度相对“恒定”的理解。
7.常量法与微量法测沸点的相同与不同，沸点出现差异的原因。
8.共沸物的概念及沸点特点。

实验过程

2.1.1　实验原理

沸点：当液态物质受热时，由于分子运动，其从液体表面逃逸出来，形成蒸气压。液体的蒸气压只与温度有关，即液体在一定温度下具有一定的蒸气压；随着温度的升高，液体的蒸气压增加。当液体的蒸气压增大到与外界施于液面的总压力（通常是大气压力）相等即 $P_{液}=P_{外}$ 时，就有大量气泡从液体内部逸出，即液体沸腾。这时的温度称为该液体在当时外界压力下的沸点。

通常所说的沸点是在 0.1MPa（即 760mmHg）压力下液体的沸腾温度。例如水的沸点为 100℃，即指大气压为 760mmHg 时，水在 100℃时沸腾。在其他压力下的沸点应注明，如水的沸点可表示为 95℃/85.3kPa。

注意：纯粹的液体有机化合物在一定的压力下具有一定的沸点，纯的液态化合物沸程很小，一般为 0.5~1℃。混合物没有固定的沸点，沸程也较长，故可通过蒸馏来测定液体的沸点和鉴别化合物的纯度。但是具有固定沸点的液体不一定都是纯粹的化合物，因为某些有机化合物常和其他组分形成二元或三元共沸混合物，它们也有一定的沸点。如乙醇（95.6%）和水（4.4%）混合后的混合物就具有固定的沸点，其沸点为 78.2℃。

2.1.2　蒸馏

蒸馏就是将液体化合物加热至沸腾变为蒸气，又将蒸气冷凝为液体化合物这两个过程的联合操作过程。它是分离液体有机化合物最常用的一种方法。若有两种互溶的液体混合在一起,它们在沸腾时的蒸气压不同(沸点不同),所以蒸气中两个成分的比例与液体混合物中两个成分的比例不同。蒸气压大(沸点低)的成分在气相中占的比例较大,若将这部分蒸气冷凝下来,所得冷凝液中低沸点的成分就比原来混合物的多。重复把这部分冷凝液进行蒸馏,便可能将液体混合物中具有不同沸点的成分逐渐分开。当混合物中各组分的沸点相差大于 30℃时,可用蒸馏的方法将它们分离纯化。

2.1.3 蒸馏的作用

(1)通过蒸馏可将易挥发的物质和不挥发的物质分开(液体难变成气体即不挥发)。

(2)将沸点不同的液体化合物分开,但不同液体沸点必须相差 30℃以上。

(3)可测化合物的沸点(常量法)。

2.1.4 关键控制点

(1)仪器安装:气化部分不能漏气,接液部分不能封闭。

(2)加热形式:要根据蒸馏物质性质、沸点选择。

(3)加入沸石。

(4)蒸馏速度控制在 1 滴/秒钟。

(5)收集温度恒定的馏出液为纯组分液体(或共沸物)。

2.1.5 微量法测沸点

(1)原料加入量不能太少,也不能太多。

(2)毛细管开口向下,另一端要封闭。

(3)只要有连串气泡冒出就可停止加热。

(4)注意观察最后一个气泡。

2.1.6 蒸馏仪器的选择与安装

1.仪器的选择

(1)蒸馏瓶:一般为圆底烧瓶(蒸馏物液体的体积,一般不要超过蒸馏瓶容积的2/3,也不要少于 1/3)。

(2)冷凝管:液体沸点小于 130℃用直形冷凝管;大于 130℃用空气冷

凝管。

(3)蒸馏头:普通蒸馏头;克氏蒸馏头(减压蒸馏用)。

(4)温度计:其量程不低于液体沸点。

(5)接液管:或称尾接管。根据需要安装不同用途的尾接管,例如,减压蒸馏需安装真空尾接管。

(6)接收瓶:一般常压蒸馏用锥形瓶,减压蒸馏用圆底烧瓶。接液管和接收瓶统称为接收器。

2.蒸馏装置的安装

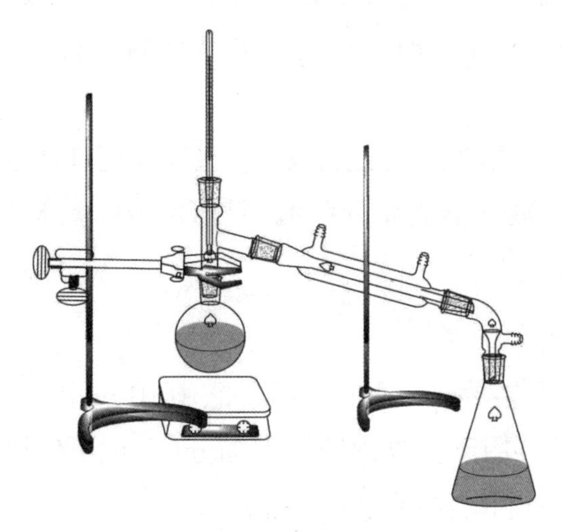

图 2-1　蒸馏装置

仪器安装顺序一般为:自下而上,从左到右。拆卸仪器与安装顺序相反。

热源→蒸馏瓶(注意固定方法、离热源的距离,其轴心保持垂直)→蒸馏头(其对称面与铁架平行)→温度计(借助温度计导管将温度计固定在蒸馏头的上口处,使温度计水银球的上限与蒸馏头侧管的下限同处一水平线上)→冷凝管(若为直形冷凝管则应保证上端出水口向上,与橡皮管相连至水池,下端进水口向下,通过橡皮管与水龙头相连,才能保证套管内充满水)→接液管→接收瓶(正式接收馏液的接收瓶应事先称重并做记录)。

2.1.7　蒸馏操作

1.加料

应先安装好蒸馏装置,将待蒸馏液通过玻璃漏斗小心倒入蒸馏瓶中(漏

斗柄口位于蒸馏头支管之下,紧靠对面的玻璃壁),不要使液体从支管流出。加入几粒沸石,塞好带温度计的塞子。

2.加热

先给水冷凝管通水,然后加热。

当温度计读数急剧上升时,应适当调整热源温度,使升温速度略为减慢,蒸气顶端停留在原处,让水银球上液滴和蒸气温度达到平衡。然后再稍稍提高热源温度,进行蒸馏(控制加热温度以调整蒸馏速度,通常以每秒1~2滴为宜)。在整个蒸馏过程中,应使温度计水银球上常有被冷凝的液滴。此时的温度即为液体与蒸气平衡时的温度。温度计的读数就是液体(馏出液)的沸点。

热源温度太高,使蒸气成为过热蒸气,造成温度计所显示的沸点偏高;热源温度太低,馏出物蒸气不能充分浸润温度计水银球,造成温度计读得的沸点偏低或不规则。

3.观察沸点及收集馏液

进行蒸馏前,至少要准备两个接收瓶,其中一个接收前馏分(或称馏头),另一个(需称重)用于接收预期所需馏分(并记下该馏分的沸程,即该馏分的第一滴和最后一滴时温度计的读数)。

一般液体中或多或少含有高沸点杂质,在所需馏分蒸出后,若继续升温,温度计读数会显著升高,若维持原来的温度,就不会再有馏液蒸出,温度计读数会突然下降,此时应停止蒸馏。即使杂质很少,也不要蒸干,以免蒸馏瓶破裂及发生其他意外事故。

4.拆除蒸馏装置

蒸馏完毕,先应撤出热源(拔下电源插头,再移走热源),然后停止通水,最后拆除蒸馏装置(与安装顺序相反)。

2.1.8 关于现象记录的举例

(1)加热时可见蒸馏瓶中的沸石周围有很多的小气泡冒出,液体逐渐沸腾。

(2)蒸气逐渐上升,温度计读数也略有上升。

(3)当蒸气的顶端达到水银球部位时,温度计读数急剧上升。

(4)温度计水银球上挂有冷凝的液滴。

(5)馏分的温度:____℃;第一滴馏出液的温度:____℃;温度计读数相对稳定时的温度____℃。

(6)馏分的沸程:即该馏分的第一滴和最后一滴时温度计的读数。

(7)温度计的读数就是液体(馏出液)的沸点。

2.1.9 操作要点和说明

(1)进行蒸馏操作时,有时发现馏出物的沸点往往低于(或高于)该化合物的沸点,有时馏出物的温度一直在上升,这可能是因为混合液体组成比较复杂,沸点又比较接近的缘故,简单蒸馏难以将它们分开,这时可考虑用分馏。

(2)沸石的加入:为了清除在蒸馏过程中的过热现象和保证沸腾的平稳状态,加入沸石,或一端封口的毛细管,因为它们都能防止加热时的暴沸现象,它们被称作止暴剂,又叫助沸剂,值得注意的是,不能在液体沸腾时加入止暴剂,也不能用已使用过的止暴剂。

(3)温度计水银球上限应与蒸馏头侧管的下限在同一水平线上,冷凝水应从下口进,上口出,注意装置要与大气相通。

(4) 被蒸馏液体沸点低于140℃(130℃)时,用直形水冷凝管;沸点高于140℃(130℃)时,用空气冷凝管。蒸馏高沸点物质时,应用短颈蒸馏瓶,蒸馏易吸潮液体时,应在接液管支管处连接一个干燥管;蒸馏低沸点易燃液体时,应在接液管支管处或干燥管后接一橡皮管导入水槽。

(5)如果维持原来的加热程度,不再有馏出液蒸出,温度突然下降时,就应停止蒸馏。即使杂质量很少,也不能蒸干,否则易发生意外事故。蒸馏完毕,先停止加热,后停止通冷却水,拆卸仪器顺序与安装顺序相反。

2.1.10 微量法测定沸点

1.沸点管的制备

沸点管由外管和内管组成,外管用长7~8cm、内径0.2~0.3cm的玻璃管将一端烧熔封口制得,内管用市购的毛细管截取3~4cm,封其一端而成。测量时将内管开口向下插入外管中。

2.沸点的测定

取1~2滴待测样品滴入沸点管的外管中，将内管插入外管中，然后用小橡皮圈把沸点外管附于温度计旁，再把该温度计的水银球置于b形管两支管中间，然后加热。加热时由于气体膨胀，内管中会有小气泡缓缓逸出，当温度升到比沸点稍高时，管内会有一连串的小气泡快速逸出。这时停止加热，使溶液自行冷却，气泡逸出的速度即渐渐减慢。在最后一气泡不再冒出并要缩回内管的瞬间记录温度，此时的温度即为该液体的沸点，待温度下降15~20℃后，可重新加热再测一次（2次所得温度数值不得相差1℃）。

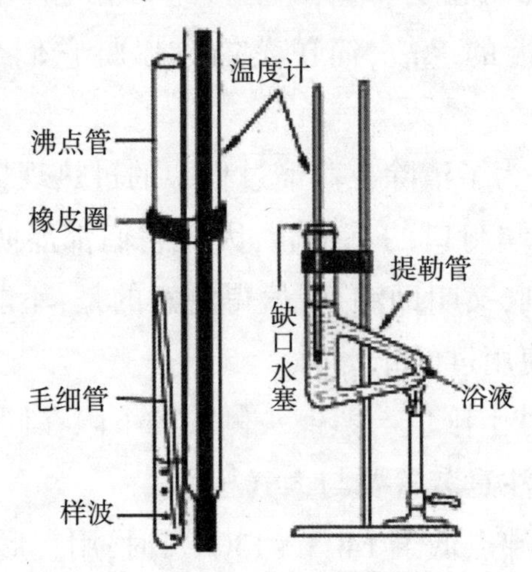

图2-2　微量法测定沸点装置

按上述方法进行如下测定：无水乙醇沸点（76℃）。

原始数据记录

开始的乙醇有__ g，蒸馏后的乙醇__ g。

乙醇性状：

温度：沸点__ ℃

沸程：__ ~__ ℃

产率：____/____×100%＝____%

微量法沸点：____ ℃

本次实验的成败关键

(1)仪器装配符合规范。

(2)热源温控适时调整得当。

(3)馏分收集范围严格无误。

安全须知

(1)检查装置是否完好无损,安装是否符合要求。

(2)注意装置与大气相通。

(3)注意别忘了加沸石(不能中途加;要补加,需将液体冷却至室温后再加)。

(4)先停止加热,稍冷后再停止通水。

思考题

1.用蒸馏法测沸点时,温度计水银球的位置过高或过低,将会有什么误差?

2.液体转入蒸馏烧瓶,应如何操作?不按此操作可能导致什么后果?

3.蒸馏时为什么必须加入沸石等助沸物?

4.向冷凝管通水,下口进水,上口出水。为什么?

5.蒸馏速度过快或过慢,将会导致什么后果?

6.当加热后有馏出液时,才发现未通冷凝水,能否马上通水?应如何正确处理?

7.有恒定沸点的液体一定是纯净物吗?为什么?

8.蒸馏方法的作用有哪些?

2.2 分馏

实验目标

1.了解分馏的意义,分馏主要是分离沸点相差较近的混合物。

2.理解分馏的基本原理和应用范围。

3.熟练掌握分馏装置的安装和使用方法;控制分馏的回流比(蒸出的速度)与纯度的关系。

4.掌握分馏柱的工作原理和常压下的简单分馏操作方法。

5.掌握根据温度的相对稳定情况判断收集馏段的纯度。

实验重点

1.圆底烧瓶、分馏柱要干燥及保温。

2.安装装置要求规范,不能漏气。

3.分馏时馏出液的速度控制很重要,与相对稳定的温度要匹配。

实验难点

1.装置规范合理。

2.分馏速度控制在每秒1~2滴。

3.收集产品需要哪一馏段需根据相对稳定的温度确定。

4.温度不稳定收集的馏段往往不是单一产品。

5.过渡段需进行第二次或多次分馏,才能最大量地收集到需要的目标物。

2.2.1　分馏的原理

液体的蒸气压只与温度有关，即液体在一定温度下具有一定的蒸气压；随着温度的升高，液体的蒸气压增加。当液体的蒸气压增大到与外界施于液面的总压力（通常是大气压力）相等时，就有大量气泡从液体内部逸出，即液体沸腾。这时的温度称为液体的沸点。

应用分馏柱将几种沸点相近的混合物进行分离的方法称为分馏。分馏是借助于分馏柱进行多次气化和冷凝，使一系列的蒸馏不需多次重复，一次得以完成的蒸馏（分馏就是多次蒸馏）。在分馏柱内，当上升的蒸气与下降的冷凝液互相接触时，上升的蒸气部分冷凝放出热量使下降的冷凝液部分气化，两者之间发生了热量交换，其结果是，上升蒸气中易挥发组分增加，而下降的冷凝液中高沸点组分（难挥发组分）增加，如果继续多次，就等于进行了多次的气液平衡，即达到了多次蒸馏的效果。这样靠近分馏柱顶部易挥发物质的组分比率高，而在烧瓶里高沸点组分（难挥发组分）的比率高。这样只要分馏柱足够高，就可将这种组分彻底分开。工业上的精馏塔就相当于分馏柱。

了解分馏原理最好是应用恒压下的沸点-组成曲线图（称为相图，表示这两组分体系中相的变化情况）。通常它是用实验测定在各温度时气液平衡状况下的气相和液相的组成，然后以横坐标表示组成，纵坐标表示温度而作出的（如果是理想溶液，则可直接由计算作出）。从大气压下的苯-甲苯溶液的沸点-组成图可以看出，由20%苯和80%甲苯组成的液体（*L*1）在102℃时沸腾，和此液相平衡的蒸气（*V*1）组成约为40%苯和60%甲苯。若将此组成的蒸气冷凝成同组成的液体（*L*2），则与此溶液成平衡的蒸气（*V*2）组成约为60%苯和40%甲苯。显然如此继续重复，即可获得接近纯苯的气相。

在分馏过程中，有时可能得到与单纯化合物相似的混合物。它也具有固定的沸点和固定的组成。其气相和液相组成也完全相同，因此不能用分馏法进一步分离。这种混合物称为共沸混合物（或恒沸混合物）。它的沸点（高于或低于其中的每一组分）称为共沸点（或恒沸点）。

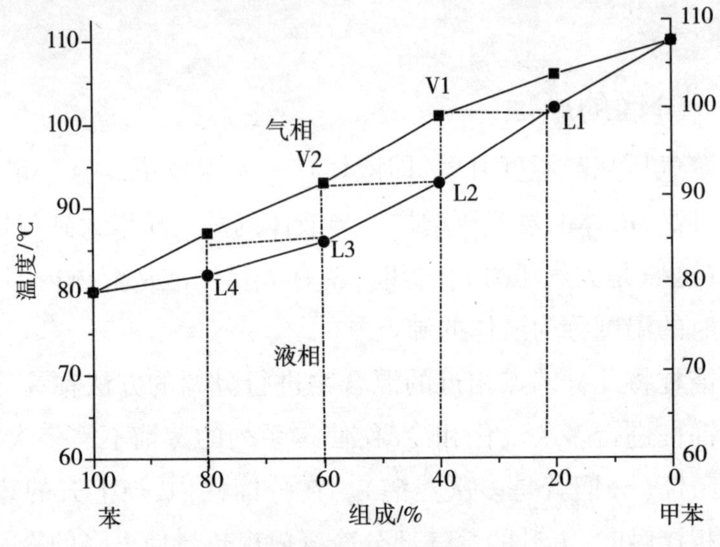

图 2-3　苯-甲苯体系的沸点-组成曲线图

2.2.2　实验仪器及药品

仪器:圆底烧瓶、电热套、分馏柱、温度计、冷凝管、三角锥形瓶。

药品:95%乙醇 30mL、水 30mL。

2.2.3　实验装置图

分馏装置包括加热装置、蒸馏瓶(或圆底烧瓶加蒸馏头)、分馏柱、温度计套管、温度计、冷凝管、接液管和接收瓶。分馏柱外筒可用石棉绳包住,这样可减少柱内热量的散发,减少风和室温的影响。

1.分馏技术

分馏技术是有机合成、生产中常用的液态物质分离、提纯的技术之一,它又叫精馏或分级蒸馏。分馏是通过分馏装置(或设备)使沸点相差较小的液体混合物,通过多次部分汽化-冷凝的热交换以达到将其中不同组分分离提纯的目的。分馏技术的关键仪器(设备)是分馏柱(精馏塔)。

2.分馏柱的原理

将欲分离提纯的液态混合物在装置中加热并让蒸气进入分馏柱。由于蒸气被室外空气冷却而发生冷凝,冷凝液经分馏柱内壁流下。当流下的冷凝液与上升的蒸气相互接触时发生了热交换。上升的蒸气部分被冷凝,所放出

的热量使流下的冷凝液又部分汽化。由于高沸点的组分易被冷凝,而低沸点的组分则易被汽化,所以经过热交换后,上升蒸气中低沸点的组分增加,而流下的冷凝液中高沸点的组分增加。如此不断反复进行热交换,低沸点组分因不断汽化逐渐上升至分馏柱顶部而先被蒸馏出来,而烧瓶里高沸点组分的比例不断提高。于是,不同沸点的物质便得以分离、纯化。刺形分馏柱结构简单,在柱中心线上排列着成对相互接触的圆锥"刺",适合于分离量少且沸点差距较大的液体。

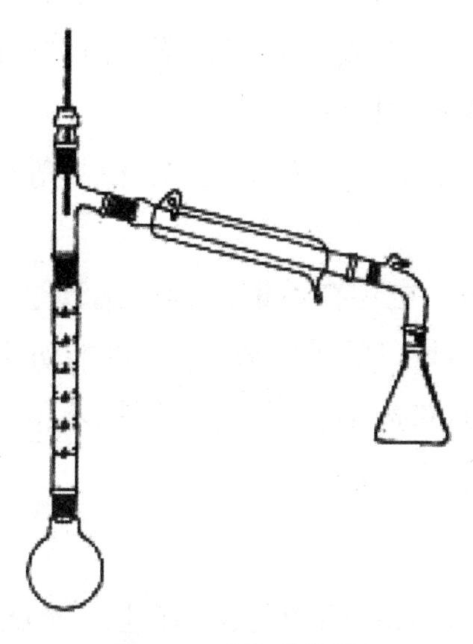

图 2-4　分馏装置图

2.2.4　实验操作步骤

简单分馏操作和蒸馏大致相同,仪器装置如图 2-4 所示。将待分馏的混合物放入圆底烧瓶中(95%乙醇 30mL+水 30mL),加入沸石。选用合适的热浴加热,液体沸腾后要注意调节浴温,使蒸气慢慢升入分馏柱,10~15min 后,蒸气到达柱顶(摸柱壁,如若烫手表示蒸气已达该处)。在有馏出液滴出后,调节浴温使得蒸出液体的速度控制在每秒 1~2 滴,这样可以得到比较好的分馏效果,待低沸点组分蒸完后,再渐渐升高温度。当第二个组分蒸出时会产生沸点的迅速上升。上述情况是假定分馏体系有可能将混合物的组分进行严格的分馏。如果不是这种情况,一般则有相当大的中间馏分(除非沸点相差很大)。

1.操作要点和说明

(1)沸点比较接近的混合物,简单蒸馏难以将它们分开,可考虑用分馏。

(2)分馏效果好坏与操作条件有直接关系,其中最主要的是控制馏出液流出速度(回流比),以 1~2 滴/s 为宜(1mL/min),不能太快,否则达不到分离要求。

(3)如果维持原来加热程度,不再有馏出液蒸出,温度突然下降时,就应停止蒸馏,即使杂质量很少也不能蒸干,特别是蒸馏低沸点液体时更要注意不能蒸干,否则易发生意外事故。蒸馏完毕,先停止加热,后停止通冷却水,拆卸仪器,其顺序和安装时相反。

(4)分馏效果与回流比、分馏柱高度、塔板数等因素有关。分馏柱的种类也较多。

(5)沸石的加入:为了避免在蒸馏过程中出现过热现象和保证沸腾的平稳状态,常加沸石或一端封口的毛细管,它们都能防止加热时的暴沸现象,因此被称作止暴剂,又叫助沸剂。值得注意的是,不能在液体沸腾时加入止暴剂,也不能用已使用过的止暴剂。

2.分馏操作的注意事项

简单分馏操作和蒸馏大致相同,要很好地进行分馏,必须注意下列几点。

(1)分馏一定要缓慢进行,控制好恒定的蒸馏速度(1~2 滴/s),这样可以得到比较好的分馏效果。

(2)要使有相当量的液体沿分馏柱流回烧瓶中,即要选择合适的回流比,使上升的气流和下降液体充分进行热交换,使易挥发组分量上升,难挥发组分尽量下降,分馏效果更好。

(3)必须尽量减少分馏柱的热量损失和波动。分馏柱的外围可用石棉绳包住,这样可以减少柱内热量的散发,减少风和室温的影响也减少了热量的损失和波动,使加热均匀,分馏操作平稳地进行。

本次实验的成败关键

(1)仪器装配符合规范。

(2)热源温控调整得当,分馏馏液控制在 1~2 滴/s。

(3)馏分收集范围严格无误。

(4)1#瓶收集温度计读数稳定时的温度(可上浮 3~5℃),2#瓶收集 1#瓶后上浮 15~20℃馏段成分,3#瓶为残留液。

安全须知

(1)检查装置是否完好无损,安装是否符合要求。

(2)注意装置与大气相通。

(3)注意别忘了加沸石(不能中途加;要补加,需将液体冷却至室温后再加)。

(4)先停止加热,温度降低后再停止通水。

关于现象记录的举例

加热时可见蒸馏瓶中的沸石周围有很多的小气泡冒出,液体逐渐沸腾,蒸气逐渐上升,可在分馏柱上看到蒸气上升的位置。

当蒸气的顶端达到水银球部位时,温度计读数急剧上升。温度计水银球上挂有冷凝的液滴。

产品的燃烧试验

1#瓶收集温度稳定至上浮 3~5℃的馏段。

倒入约 1mL 于瓷蒸发皿中点火,易燃,燃烧无残留。

2#瓶收集 1#瓶后上浮 15~20℃的馏段。

倒入约 1mL 于瓷蒸发皿中点火,易燃,燃烧后有残留液(水)。

3#瓶为留在圆底烧瓶中的残留液。

倒入约 1mL 于瓷蒸发皿中点火,不能燃烧,残留液为水。

瓶号	温度(℃)	馏分体积(mL)	燃烧实验
1#			
2#			
3#			

思考题

1.分馏和蒸馏在原理及装置上有哪些异同？两种沸点很接近的液体组成的混合物能否用分馏来提纯呢？

2.若加热太快，分馏速度>1～2滴/s（每秒的滴数超过要求量），用分馏分离两种液体的能力会显著下降，为什么？

3.用分馏柱提纯液体时，为了取得较好的分离效果，为什么分馏柱必须保持回流液？

4.在分离两种沸点相近的液体时，为什么装有填料的分馏柱比不装填料的效率高？

5.什么叫共沸混合物？为什么不能用分馏法分离共沸混合物？

6.在分馏时通常用水浴或油浴加热，与直接火加热相比，水浴或油浴有什么优点？

2.3 水蒸气蒸馏

实验目标

1.理解水蒸气蒸馏的基本原理、使用范围（场合）和被蒸馏物应具备的条件。

2.熟练掌握常量水蒸气蒸馏仪器的组装和使用方法，以及微量水蒸气蒸馏装置的安装及操作方法。

实验重点

1.水蒸气蒸馏的条件掌握。

2.水蒸气蒸馏方法的形式。

3.水蒸气蒸馏时的特点。

4.水蒸气蒸馏装置的安装合理性。

5.蒸馏完全的判断。

6.对被蒸馏原料的预处理方法。

实验难点

1.水蒸气蒸馏对原料的要求、适用的范围及条件的判断。

2.水蒸气蒸馏后的分离方法及条件掌握。

3.判断全部蒸出的方法：第一，馏出液澄清；第二，将馏分与水混溶，若无油珠则说明蒸馏完毕。

实验过程

2.3.1　实验原理

水蒸气蒸馏是用来分离和提纯液态或固态有机化合物的一种方法。

当水和不(或难)溶于水的化合物一起存在时，整个体系的蒸气压力根据道尔顿分压定律，应为各组分蒸气压力之和。

即：$P=P_{水}+P_{A}$[P_{A} 为与不(或难)溶化合物的蒸气压]

当 P 与外界大气压相等时，混合物就沸腾。这时的温度即为它们的沸点，所以混合物的沸点将比任何一组分的沸点都要低一些，而且在低于100℃的温度下随水蒸气一起蒸馏出来，这样的操作叫水蒸气蒸馏。

因此，常压下应用水蒸气蒸馏，能在低于100℃的情况下将高沸点组分与水一起蒸出来，蒸馏时混合物的沸点保持不变。

在水蒸气蒸馏的蒸出液中，水与有机化合物的质量比等于在蒸馏温度时两者的蒸气压与其摩尔质量的乘积之比，与水和有机化合物的相对含量无关。

$$m_{A}/m_{水}=M_{A}\times P_{A}/M_{水}\times P_{水}=M_{A}\times P_{A}/18P_{水}$$

例如，在制备苯胺时(苯胺的沸点为184.4℃)，将水蒸气通入含苯胺的反应混合物中，当温度达到98.4℃时，苯胺的蒸气压为5652.5Pa，水的蒸气压为95427.5Pa，两者总和接近大气压，于是混合物沸腾，苯胺就随水蒸气一起被蒸馏出来。在馏出液中有机化合物同水的质量比为 $m_{苯胺}/m_{水}=M_{苯胺}\times P_{苯胺}/M_{水}\times P_{水}=93\times 95427.5/18\times 5652.5\approx 0.31$。

所以，馏出液中苯胺的质量分数为：$0.31/(1+0.31)\times 100\%=23.7\%$。

但蒸出的水会比理论值要多，因为一部分水蒸气来不及与被蒸馏物充分接触便离开蒸馏烧瓶(有部分无效水),同时苯胺微溶于水,所以实验蒸出的水量往往比理论值要多。

2.3.2 水蒸气蒸馏的应用范围

(1)混合物中含有大量树脂状杂质或不挥发性杂质,采用蒸馏、萃取等方法都难于分离的。

(2)某些沸点高的有机化合物,在常压蒸馏虽可与副产品分离,但易将其破坏。

(3)从较多固体反应物中分离出被吸附的液体。

工业中常用于制香精油:水中蒸馏(玫瑰花)、水上蒸馏(兰花干)和水蒸气蒸馏(鲜叶,薰衣草)。

2.3.3 进行水蒸气蒸馏的物质必须具备下列三个条件

(1)不(或难)溶于水。

(2)共沸腾下与水不发生化学反应。

(3)在100℃左右时,必须具有一定的蒸气压(666.5~1333Pa或5~10mmHg)。

2.3.4 实验仪器及药品

仪器:250mL圆底烧瓶、油水分离器(自制)、水蒸气发生器、蒸馏装置、分液漏斗。

药品:橘子皮。

2.3.5 实验装置图

水蒸气蒸馏有间接水蒸气蒸馏操作和直接水蒸气蒸馏操作两种方法,图2-5为常量水蒸气蒸馏装置(即直接法水蒸气蒸馏),主要由水蒸气发生器、蒸馏部分、冷凝部分和接收器四个部分组成。直接法水蒸气蒸馏的原理是将水蒸气发生器产生的水蒸气通入盛有被蒸物的蒸馏烧瓶中,使被蒸物与水一起蒸出,这种方法应用最广泛。图2-6则是微量水蒸气蒸馏装置(即间接法水蒸气蒸馏),将水加入装有被蒸物的蒸馏烧瓶中,与普通蒸馏方法相同,直接加热蒸馏烧瓶,进行蒸馏,即是简易的水蒸气蒸馏方法,当蒸馏物较少时可采用这种方法。

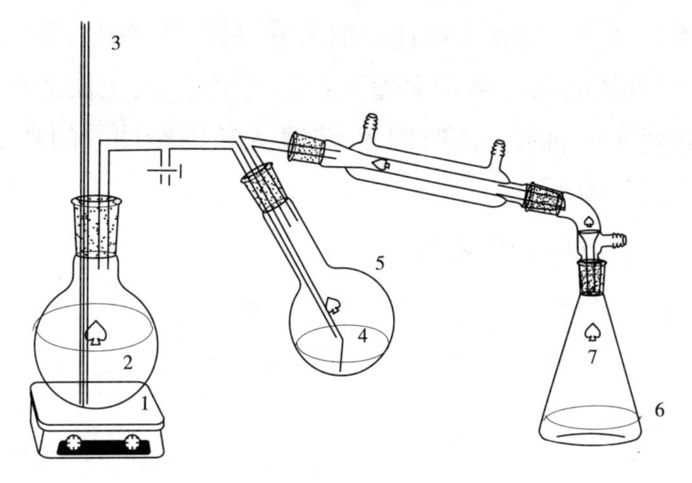

图 2-5　水蒸气蒸馏装置

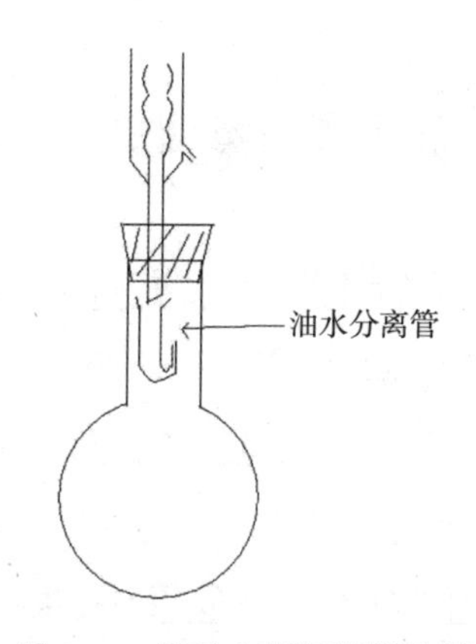

图 2-6　简易水蒸气蒸馏装置

图 2-5 为常量的水蒸气蒸馏装置。1 为加热装置如电炉或电热套。2 为水蒸气发生器,常用金属制成,但也可以用短颈大圆底烧瓶,一般盛水量为其体积的 2/3,如果太满,沸腾时水将冲至烧瓶,如果太少则容易蒸干。3 为安全管,通过双孔软木塞的一孔插到发生器底部,如果体系内压力增大,水会沿安全管上升,起到调节压力的作用。5 为装有试样 4 的长颈圆底烧瓶,向水蒸气发生器方向倾斜 45°,以免溅起的液沫被蒸气带进冷凝器中,水蒸气发生器和蒸馏烧瓶之间的橡胶管连接一个 T 形管,T 形管下放的止水夹可以及时打开放掉蒸气冷凝形成的水滴,当停止加热时,必须先打开止水夹,然后移开热源,以免发生倒吸现象。当 6 接收瓶中的馏出液 7 澄清不含油滴时,为蒸馏终点。当产物不多,则可用图 2-6 的简易水蒸气蒸馏装置。在普通

长颈圆底烧瓶和直形冷凝管下端连接油水分离管，使冷凝液流回油水分离管中，分层后下层水从油水分离管尖嘴流到圆底烧瓶中，上层为产物。油水分离管的尖嘴高度太短油水分离时间短，尖嘴太长则精油层的高度又变短，一般尖嘴高度为管长的1/2。

2.3.6 操作要点和说明

(1)蒸馏烧瓶的容量应保证混合物的体积不超过其1/3，导入蒸气的玻管下端应垂直地正对瓶底中央，并伸到接近瓶底。安装时要倾斜一定的角度，通常为45°左右。

(2)水蒸气发生器上的安全管(平衡管)不宜太短，其下端应接近器底，盛水量通常为其容量的1/2，最多不超过2/3，最好在水蒸气发生器中加入沸石起助沸作用。

(3)应尽量缩短水蒸气发生器与蒸馏烧瓶之间的距离，以减少水汽的冷凝。

(4)开始蒸馏前应把T形管上的止水夹打开，当T形管的支管有水蒸气冲出时，接通冷凝水，开始通水蒸气，进行蒸馏。

(5)为使水蒸气不致在烧瓶中冷凝过多而增加混合物的体积。在通水蒸气时，可在烧瓶下用小火加热。

(6)在蒸馏过程中，要经常检查安全管中的水位是否正常，若发现其突然升高，则意味着有堵塞现象，应立即打开止水夹，移去热源，使水蒸气发生器与大气相通，避免发生事故(如倒吸)，待故障排除后再行蒸馏。若发现T形管支管处水积聚过多，超过支管部分，则应打开止水夹，将水放掉，否则将影响水蒸气通过。

(7)当馏出液澄清透明，不含有油珠状的有机物时，即可停止蒸馏，这时也应先打开止水夹，然后移去热源。

(8)如果随水蒸气挥发馏出的物质熔点较高，在冷凝管中易凝成固体堵塞冷凝管，那么可考虑改用空气冷凝管。

(9)停止蒸馏(先打开止水夹，使与大气相通，然后熄火)。

2.3.7 水蒸气蒸馏法提取橘皮精油(采用直接水蒸气蒸馏法)

(1)取200~300g新鲜的橘皮，用植物捣碎机捣碎。橘子皮颗粒如果太

细,则水蒸气与精油的接触面积小,易结团;反之,橘子皮细胞组织没有破坏,要煮很长时间才能破坏组织细胞。

(2)装入 500mL 的长颈圆底烧瓶中(油水分离器下端接触不到橘子皮且泡沫也进不去),橘子皮量一般为圆底烧瓶高度的 3/4,加入橘子皮高度 1/3 的水。

(3)按上述装置安装好仪器后加热回流(油水分离管用细铁丝固定在球形冷凝管的回流口处,要求回流液进入油水分离管中)。

(4)收集管中的精油层不再上升时可停止回流。

(5)撤装置后,取出油水分离管中的精油称重。

(6)计算提取率。

(7)验证精油特点。

改进后的优点

(1)原理不变。

(2)装置简单。

(3)效果很好。

(4)提取彻底。

(5)精油易回收,基本无分离损失。

(6)现象明显。

(7)环保。

(8)利于定量。

(9)实验中安全性高。

产品记录

长颈圆底烧瓶质量:____g;烧瓶+橘子皮质量:____g;橘子皮质量:____g;橘子精油质量:____g;提取率:____。

思考题

1.进行水蒸气蒸馏时,蒸气导入管的末端为什么要插入到接近于容器的

底部？

2.水蒸气蒸馏装置中的T形管有什么作用？

3.在水蒸气蒸馏过程中，经常要检查什么事项？若安全管中水位上升很高说明什么问题，如何处理才能解决呢？

4.进行水蒸气蒸馏，被提纯物质必须具备哪三个条件？

5.在什么情况下可采用水蒸气蒸馏？

6.怎样正确进行水蒸气蒸馏操作？

7.怎样判断水蒸气蒸馏操作是否结束？

2.4 茶叶中咖啡因的提取

实验目标

1.了解升华的原理和方法，升华是提纯物质的手段之一。

2.掌握升华法提取咖啡因的操作方法。

3.掌握萃取的原理和操作方法。

4.掌握萃取的条件。

实验重点

1.水提取的目的和原理，热水浸提的时间要够，水不宜太多（不利于浓缩）也不宜太少。

2.浓缩水分的目的和方法。

3.液-液萃取的原理、条件及咖啡因萃取的操作。

4.萃取溶剂的回收处理。

5.升华时加热部位应在放置原料的下方，加热时原料会发泡，体积增大，故滤纸与原料要有1cm以上的距离。

6.升华中途切忌拿开漏斗，如中途确需拿开擦水，必须等完全冷却。

实验难点

1. 升华技术提纯的原理、条件及方法。

2. 液-液萃取的原理、条件、方法及咖啡因萃取的操作。

3. 升华的正确操作方法。

实验过程

2.4.1　实验原理

生物碱是植物中含氮的碱性有机化合物,大多有明显的生理活性,是许多中草药中的有效成分。咖啡因是一种重要的生物碱,广泛存在于茶、咖啡、可可等中,是弱碱性化合物。茶叶中含有咖啡因,占1%~5%,另外还含有11%~12%的丹宁酸(鞣酸),0.6%的色素、纤维素、蛋白质等。咖啡因易溶于氯仿(12.5%)、水(2%)及乙醇(2%)等。

咖啡因在苯中的溶解度为1%(热苯为5%),丹宁酸易溶于水和溶于苯。咖啡因是杂环化合物嘌呤的衍生物,它的化学名称是1,3,7-三甲基-2,6-二氧嘌呤,分子式为$C_8H_{10}N_4O_2$,化学结构如下式:

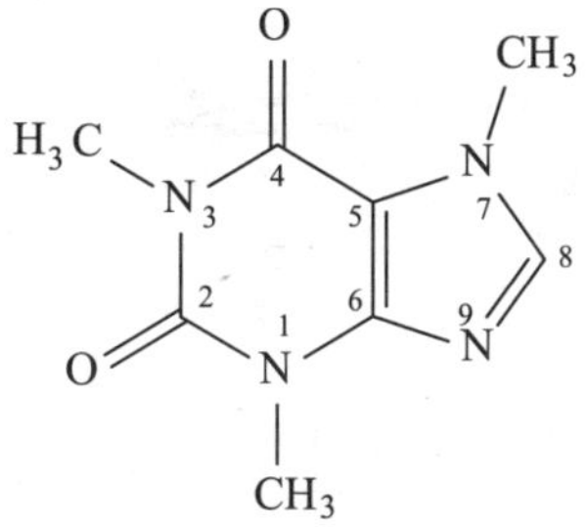

O　CH3　H3C　N3　4　5　N　7　8　2　1　6　9　O　N　N　CH3

含结晶水的咖啡因系无色针状结晶,味苦,能溶于水、乙醇、氯仿等。在100℃时即失去结晶水,并开始升华,120℃时升华相当显著,至178℃时升华很快。无水咖啡因的熔点为234.55℃。

为了提取茶叶中的咖啡因,往往利用适当的溶剂(氯仿、乙醇、苯等)提取,即得粗咖啡因。粗咖啡因还含有其他一些生物碱和杂质,利用升华可进一步提纯。固体物质直接汽化为蒸气(升华),然后再由蒸气直接冷凝为固体物质(凝华)。升华是纯化固体有机物的一个方法,它所需温度一般较蒸馏时低,但只有在熔点温度以下具有相当高蒸气压的固体物质才可应用升华来提取，升华可得到较高纯度的产物，但操作时间长，损失也较大，只适用于较少量物质(1~2g)的纯化。

2.4.2 实验仪器及药品

仪器：烧杯(或锥形瓶)、滤布、分液漏斗、蒸发皿、漏斗、滤纸、电热套、酒精灯。

药品：绿茶、二氯甲烷、氧化钙。

2.4.3 实验装置图

图 2-7 为常压升华装置图。升华是固体物质直接气化为蒸气，然后由蒸气直接凝固为固体物质的过程。升华是纯化固体有机物的重要方法之一，可用于除去不挥发性杂质或分离不同挥发度的固体混合物。只适用于那些在低温(小于熔点很多)下有足够大的蒸气压(>20mmHg)的固体物质。升华时必须注意冷却面与升华物质的距离尽可能近些。

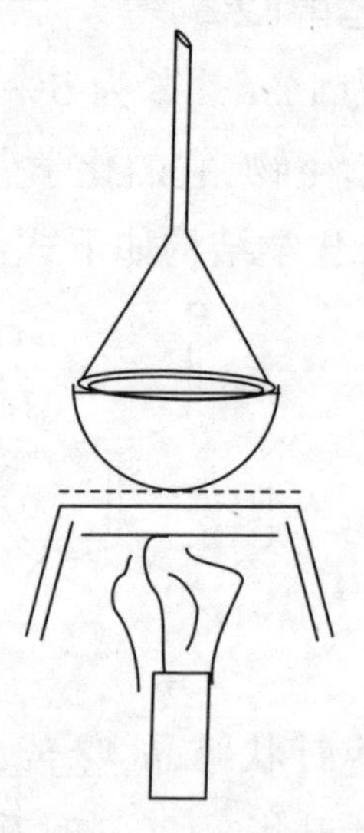

图 2-7 常压升华装置

2.4.4 实验操作步骤

(1)在 150~500mL 的烧杯中加入适量水，加入 10~20g 茶叶末。

(2)用电热套加热，连续加热提取 20min，趁热压滤。如果滤液的量过多，就用烧杯浓缩至约 100mL，用碳酸钠调为碱性，冷却后倒入分液漏斗。

(3)滤液用 1/2 量萃取 3 次(2 次也可)，30~50mL 二氯甲烷。萃取液

(下层)蒸馏回收溶剂(不用蒸干,如果蒸干加水煮后到出),直接放入瓷蒸发皿中,到室外加热除去残留二氯甲烷。

(4)将滤液倒入蒸发皿中浓缩到快无水时(起泡)加入约1g的氧化钙,小火烘干,冷却刮拢固体试样。

(5)在蒸发皿上盖一张刺有许多针孔的滤纸和一个口径合适的漏斗(漏斗口用棉花轻轻堵住),用酒精灯小心加热升华(如图2-7),如有水珠就冷却后用纸擦干漏斗的水珠,再重新加热升华。

2.4.5　注意事项

(1)碳酸钠、生石灰起吸水和中和作用,以除去部分酸性杂质。让咖啡因转化为游离态利于萃取和升华。后期的氧化钙主要起吸水作用。

(2)升华操作是实验成败的关键。升华过程中,始终都要用小火。如温度太高,会使产物发黄。

(3)升华中若有较多茶油产生,可以在蒸发皿冷却情况下擦去茶油,以免污染产物。

2.4.6　改进

用水提取后调为碱性,用二氯甲烷萃取可除去糖类、蛋白质等杂质,有利于升华。

2.4.7　萃取

萃取是利用物质在两种不互溶的溶剂中溶解度或分配比的不同来达到分离、提取或纯化目的的一种方法。应用萃取可以从固体或液体混合物中提取出所需物质,也可用来洗去混合物中少量杂质,即洗涤。萃取分为液-液萃取和液-固萃取。液-液萃取是用适宜溶剂从溶液中萃取有机物的方法,此时所选溶剂与溶液中的溶剂不相同,有机物在两相中以一定的分配系数从溶液转向所选溶剂中。液-固萃取是用适宜溶剂浸取固体混合物的方法,有机物在固-液两相间以一定的分配系数从固体转向溶剂中。

液体萃取最常用的仪器是分液漏斗。

(1)振荡操作时,应使漏斗的上口略朝下,右手握住漏斗上口颈部,并用食指根部压紧盖子,以免盖子松开,左手握住下端旋塞,既要能防止振荡时旋塞转动或脱落,又要便于灵活地旋开旋塞放气。

(2)振荡过程中,要不时将漏斗尾部向上倾斜,并打开活塞,以排出因振荡而产生的气体。

(3)打开旋塞分离之前,应先打开漏斗上口的盖子,以使内部与大气相通。先将下层液从下端旋塞处放出后,再将上层液自漏斗上口倒出。

思考题

1.提取咖啡因时,用到的生石灰,起什么作用?

2.具有什么条件的固体有机化合物,才能用升华法进行提纯?

3.在进行升华操作时,为什么只能用小火缓缓加热?

2.5 重结晶提纯法

实验目标

1.了解重结晶原理,初步学会用重结晶方法提纯固体有机化合物。

2.掌握热过滤和抽滤操作,掌握重结晶的实验操作技能。

3.掌握饱和溶液的制备,了解冷却、搅拌与重结晶的关系。

4.掌握真空水泵的正确使用。

5.掌握固体干燥的方法与条件。

实验重点

1.真空水泵的使用方法,优缺点。

2.原料(粗产品)溶解要控制好,饱和后再多加约10%的溶剂。

3.脱色时,活性炭的用量要适中,少则脱色不全,多则产品损失。

4.采用热抽滤可有效避免热过滤过程中产品结晶。

5.热抽滤要迅速。

6.冷却结晶要慢。冷却快、搅动,结晶细;冷却慢、不搅动,结晶大、

纯度高。

7.重结晶法是提纯杂质含量少于5%的固体有机物的常用方法，是纯化精制固体有机化合物的手段。

8.产品的干燥与纯度的检测。

实验难点

1.饱和溶液的制备的掌握，多加约10%的水的目的和理解。

2.温度与饱和度及操作控制的理解与掌握。

3.脱色时活性炭用量的掌握，及脱色的温度、时间掌握。

4.真空水泵的正确使用方法，热抽滤的目的及与热过滤的差别。

5.热抽滤的操作方法。

6.固体洗涤时用水量的多少、方法和目的的理解与掌握。

实验过程

2.5.1　实验原理

从有机化学反应分离出来的固体粗产物往往含有未反应的原料、副产物及杂质，必须加以分离纯化。提纯固体有机化合物常用的方法之一就是重结晶（另一方法是升华），其原理就是利用混合物中各组分在某种溶剂中的溶解度不同，或在同一溶剂中不同温度时的溶解度不同，而使它们相互分离。

固体有机物在溶剂中的溶解度与温度有密切关系。一般来说，温度升高，溶解度增大。利用溶剂对被提纯物质及杂质的溶解度不同，可以使被提纯物质从过饱和溶液中析出，而让杂质全部或大部分仍留在溶液中，或者相反，从而达到分离、提纯之目的。

注意：重结晶只适宜杂质含量在5%以下的固体有机混合物的提纯。从反应粗产物直接重结晶是不适宜的，必须先采取其他方法初步提纯（萃取、水蒸气蒸馏、减压蒸馏），然后再重结晶提纯。

1.重结晶操作过程

（1）选择适宜的溶剂。

(2)加热,制成饱和溶液。

(3)加活性炭,脱色。

(4)趁热过滤。

(5)冷却,结晶。

(6)抽滤,洗涤。

(7)干燥。

2.理想溶剂的条件

(1)溶剂不应与重结晶物质发生化学反应。

(2)重结晶物质在溶剂中的溶解度应随温度变化,即高温时溶解度大,而低温时溶解度小。

(3)杂质在溶剂中的溶解度或者很大(杂质留在母液不随被提纯物的晶体析出),或者很小(趁热过滤除去杂质)。

(4)溶剂应容易与重结晶物质分离。

(5)溶剂应无毒、不易燃、价格合适并有利于回收利用。

3.混合溶剂

由两种能以任意比例混溶的溶剂组成,其中一种对被提纯物的溶解度大,另一种对被提纯物的溶解度小。

常用混合溶剂:乙醇-水,丙酮-水,乙醚-甲酸,乙醚-石油醚,乙酸-水,吡啶-水,乙醚-丙酮,苯-石油醚。

2.5.2 实验仪器及药品

仪器:烧杯、抽滤瓶、布式漏斗、活性炭、滤纸、电子天平。

药品:粗乙酰苯胺(或已二酸、肉桂酸)。

2.5.3 实验装置图

图 2-8 中,(3)为抽滤装置,放入剪好的滤纸,为盖住滤孔,抽滤前先用少量溶剂将滤纸润湿,然后打开水泵将滤纸吸紧,以防固体在抽滤时自滤纸边沿吸入瓶中。之后借助玻璃棒,将母液和晶体分批倒入漏斗中,并用少量的滤液洗出黏附于容器壁上的晶体。

停泵时,要先使体系与大气相通,再停泵,否则倒吸。

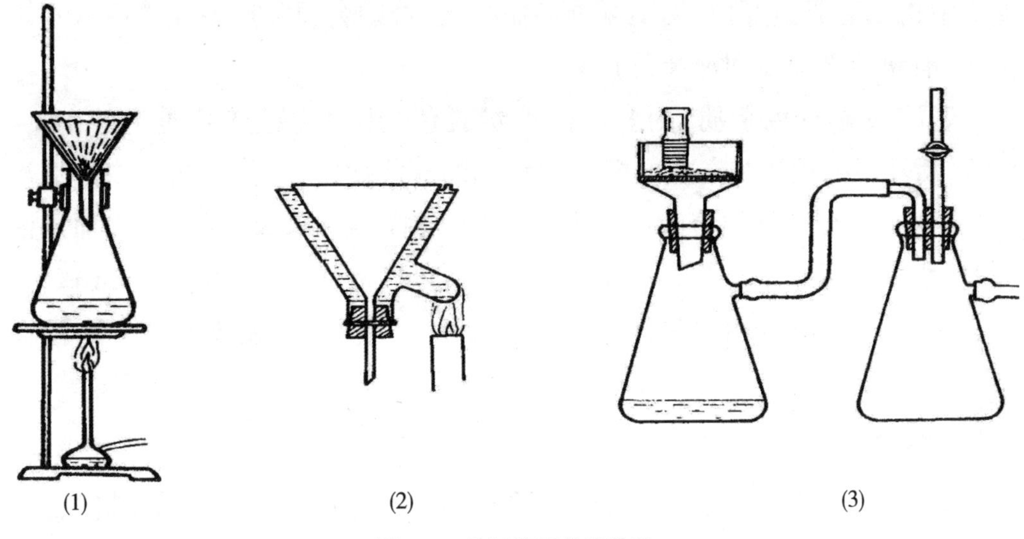

图 2-8　热过滤及抽滤装置

2.5.4　实验操作步骤

1.选择适宜的溶剂

在选择溶剂时应根据“相似相溶”的一般原理，溶质往往溶于结构与其相似的溶剂中；还可查阅有关的文献和手册，了解某化合物在各种溶剂中不同温度的溶解度；也可通过实验来确定化合物的溶解度，即取少量的重结晶物质在试管中，加入不同种类的溶剂进行预试。

取 0. 1g 待重结晶的固体置于一小试管中，用滴管逐滴加入溶剂，并不断振荡，待加入的溶剂约为 1mL 后，观察：若晶体全部溶解或大部分溶解，则此溶剂的溶解度太大，不适宜作重结晶溶剂；若晶体不溶或大部分不溶，但加热至沸腾（沸点低于 100℃ 的，则应水浴加热）时完全溶解，冷却，析出大量结晶，这种溶剂一般认为合用；若样品不全溶于 1mL 沸腾的溶剂中，则可逐次添加溶剂，每次约加 0. 5mL，并加热至沸腾，若加入的溶剂总量达 3～4mL，样品在沸腾的溶剂中仍不溶解，表示这种溶剂不合用。

2.制热饱和溶液

制热饱和溶液时，将待重结晶的粗产物放入锥形瓶中，溶剂可分批加入，边加热边搅拌，在溶剂沸点温度下，至固体完全溶解后，再多加 10%～20%（这样可避免热过滤时，由于溶剂的挥发和温度的下降，晶体在漏斗上或漏斗颈中析出造成损失)。切不可再多加溶剂,否则会损失产品或冷后析不出晶体(有机溶剂需要回流装置)。

若溶液含有色杂质,则要加活性炭脱色(用量为粗产品质量的1%~5%),活性炭的用量视杂质的多少和颜色的深浅而定,应待溶液稍冷后加活性炭(切不可在沸腾的溶液中加入活性炭,那样会有暴沸的危险)。加入活性炭后,在不断搅拌下煮沸5~10min,然后趁热过滤(可使用双层滤纸)。如一次脱色不好,可再用少量活性炭处理一次。过滤后如发现滤液中有活性炭,则应予重滤。

3.热过滤

方法一:用热水漏斗趁热过滤,见图2-8。(预先加热漏斗,叠菊花滤纸,准备锥形瓶接收滤液,减少溶剂挥发用的表面皿)。若用有机溶剂,过滤时应先熄灭火焰或使用挡火板。过滤时,漏斗上可盖上表面皿(凹面向下)减少溶剂的挥发。

方法二:可把布氏漏斗预先烘热,然后便可趁热过滤。这种方法可避免晶体析出而损失。

上述两种方法在过滤时,应先用溶剂润湿滤纸,以免结晶析出而阻塞滤纸孔。

4.结晶

滤液放置冷却,析出结晶。静大动小,不要急冷和剧烈搅动,以免晶体过于细小。当发现大晶体正在形成时,轻轻摇动使之形成较均匀的小晶体。为使结晶更完全,可使用冰水冷却。如果溶液冷却后仍不结晶,可投"晶种"或用玻璃棒摩擦器壁引发晶体形成。

5.抽滤

将结晶从母液中分离出来,通常用抽气过滤(或称减压过滤)。抽滤前先熟悉布氏漏斗的构造及连接方式,即布氏漏斗以橡胶塞与抽滤瓶相连,漏斗下段斜口正对抽滤瓶支管,抽滤瓶的支管套上橡胶管,与安全瓶连接,再与水泵相连。将剪好的滤纸放入,滤纸的直径切不可大于漏斗底边缘,否则滤纸会折过,滤液会从折边处流过造成损失。将滤纸润湿后,可先倒入部分滤液(不要将溶液一次倒入)启动水循环泵,通过缓冲瓶(安全瓶)上二通活塞调节真空度,开始真空度可低些,这样不致将滤纸抽破,待滤饼已结一层后,再将余下溶液倒入,此时真空度可逐渐升高些,直至抽“干”为止。

水泵停泵时,要先打开放空阀,再停泵,避免倒吸。

6.结晶的洗涤和干燥

用溶剂冲洗结晶再抽滤,除去附着的母液。抽滤和洗涤后的结晶,表面上吸附有少量溶剂,因此尚需用适当的方法进行干燥。固体的干燥方法很多,可根据重结晶所用的溶剂及结晶的性质来选择,常用的方法有以下几种:空气晾干的,烘干(红外灯或烘箱),用滤纸吸干,置于干燥器中干燥。

2.5.5　乙酰苯胺的重结晶

乙酰苯胺,白色有光泽片状结晶或白色粉末,熔点为 114℃,微有辛辣味,微溶于水。乙酰苯胺是一种重要的化工原料,也是重要的有机合成中间体,是磺胺类药物的原料,可用作止痛剂和退热剂,俗称退热冰。因为有较强的毒性,现在已被其他解热剂如对乙酰氨基酚等衍生物所取代。乙酰苯胺 20℃时溶解度为 0. 46g/100g 水,100℃时溶解度为 5. 55g/100g 水。

(1)溶解。将 5~10g 乙酰苯胺放入 250mL 烧杯中(锥形瓶),先加入大约 50mL 水,加热搅拌至沸,观察是否完全溶解,如果未溶,分批(每次 5mL 水)添加至全溶(判断不溶物是否为机械杂质)。用量不可过多或过少,加热过程中要注意补充水。

(2)加过量溶剂(20~25mL)溶液并在瓶壁上液面最高处做一标记,稍降温后加入适量的活性炭,继续煮沸 5~ 10min(注意添加溶剂至标记处)。

(3)用折叠滤纸在保温漏斗(或短颈漏斗)上趁热过滤,或用预先加热好的布氏漏斗趁热减压过滤(应事先做好准备,操作要迅速)或热抽滤。热抽滤的关键是操作要迅速,防止晶体析出。用两层滤纸防止活性炭因滤纸破损而被引入滤液中。

(4)冷却,结晶。结晶时切忌骤冷或搅动,否则得到的晶体为渣状,应将滤液静置自然冷却,再放入冰水浴中使晶体完全析出。若冷却较长时间无晶体析出,可用玻璃棒沿瓶壁上下摩擦或可投入几颗晶种(同一种物质的纯晶体)。

(5)抽滤。滤纸的直径应比布氏漏斗内径略小,但应盖住所有孔洞。停止抽滤时,应注意先将橡皮管从吸滤瓶上拔下,后关闭抽气泵,以防止倒吸。

(6)洗涤。将少量溶剂均匀洒在固体上,使溶剂淹没固体为宜。可用玻璃棒小心搅动,但不能使滤纸松动或破损。一般要洗涤一到两次,洗涤时,要用和重结晶相同的冷溶剂,不能边抽边洗。

(7)晶体干燥。常用的方法有:空气中晾干,用红外灯烘干,用滤纸吸干,置于干燥器中干燥。

2.5.6 肉桂酸的重结晶

肉桂酸是生产冠心病药物"心可安"的重要中间体,其酯类衍生物是配制香精和食品香料的重要原料。它在农用塑料和感光树脂等精细化工产品的生产中也有着广泛的应用。

(1)热溶解:100mL 圆底烧瓶,加入 2g 肉桂酸,40mL1:3乙醇水溶液和 2 颗沸石,装上回流装置,通冷凝水,加热回流 5~10min。若固体有机物不全溶,则从冷凝管上端加适量的溶剂,继续回流至固体全溶。

(2)添加过量溶剂:停止加热,加入过量溶剂 25~30mL。

(3)脱色、热过滤、冷却,结晶、抽滤、洗涤、干燥同"乙酰苯胺"。

注意事项

(1)溶剂量的多少,应同时考虑两个因素。溶剂少则收率高,但可能给热过滤带来麻烦,并可能造成更大的损失;溶剂多,显然会影响回收率。故两者应综合考虑。

(2)可以在溶剂沸点温度时溶解固体,但必须注意实际操作温度是多少,否则会在实际操作时,被提纯物晶体大量析出。但对某些晶体析出不敏感的被提纯物,可考虑在溶剂沸点时溶解成饱和溶液,故因具体情况决定,不能一概而论。例如,在 100℃ 时配成饱和溶液,而热过滤操作温度不可能是 100℃,可能是 80℃,也可能是 90℃,那么在考虑加多少溶剂时,应同时考虑热过滤的实际操作温度。

(3)为了避免溶剂挥发及可燃性溶剂着火或有毒溶剂中毒,应在锥形瓶上装置回流冷凝管,添加溶剂可从冷凝管的上端加入。

(4)若溶液中含有色杂质,则应加活性炭脱色,应特别注意活性炭的使用。

2.5.7　实验数据记录

$m_{乙酰苯胺}$ =

$V_{饱和溶液}$ =

$m_{实际产量}$ =

回收率=

熔程=

思考题

1.重结晶法一般包括哪几个步骤？各步骤的主要目的是什么？

2.重结晶时,溶剂的用量为什么不能过量太多,也不能过少？正确的用量是多少？

3.用活性炭脱色为什么要待固体物质完全溶解后才加入？为什么不能在溶液沸腾时加入？

4.使用有机溶剂重结晶时,哪些操作容易着火？怎样才能避免呢？

5.用水重结晶乙酰苯胺,在溶解过程中有无油状物出现？是什么？

6.使用布氏漏斗过滤时,滤纸大于漏斗瓷孔面有什么不好？

7.停止抽滤前,不先拔除橡皮管就关住水阀(泵)会产生什么问题？

8.某一有机化合物进行重结晶,最适合的溶剂应该具有哪些性质？

9.将溶液进行热过滤时,为什么要尽可能减少溶剂的挥发？如何减少其挥发？

10.在布氏漏斗中用溶剂洗涤固体时应该注意些什么？

11.在重结晶过程中,必须注意哪几点才能使产品的产率高、质量好？

2.6 液体化合物旋光度与折光率的测定

实验目标

1.了解旋光仪的基本原理,掌握旋光仪的正确使用方法。

2.了解反应物浓度与旋光度之间的关系。

3.测定葡萄糖的旋光度,计算比旋光度。

4.理解液体有机物折光率测定的意义。

5.了解阿贝折光仪测定折光率的原理。

6.掌握阿贝折光仪测定折光率的方法和操作要领。

7.练习用阿贝折光仪进行乙醇折光率测定。

实验重点

可通过测量物质的旋光度及折光率来鉴别物质组成,确定物质的纯度、浓度及判断物质的品质。对旋光度、折光率在鉴定物质上的作用及跟踪反应的进行,判断物质的基本结构性质方面的理解与掌握。

实验难点

旋光仪、折光仪的种类及操作方法,检测原理的掌握,操作条件的认识。在实践中的应用。

实验过程

2.6.1 基本概念

1.旋光度

(1)手性碳原子:与四个不同的原子或原子团相连的碳原子,用“C^*”表示。

(2)旋光性:手性化合物使平面偏振光偏振面旋转的性质。

(3)旋光物质:具有旋光性的物质称为旋光物质,或称为光学活性物质。

(4)右旋体和左旋体:若手性化合物能使偏振面右旋(顺时针)称为右旋体,用(+)表示;而其对映体必使偏振面左旋(逆时针)相等角度,称为左旋体,用(-)表示。

(5)旋光度:平面偏振光通过含有某些光学活性的化合物液体或溶液时,能引起旋光现象,使偏振光的平面向左或向右旋转,旋转的度数,称为旋光度(用 α 表示)。旋光度不仅与化学结构有关,还和测定时溶液的浓度、液层的厚度、温度、光的波长以及溶剂有关。

(6)比旋光度:手性化合物旋光度与溶液浓度、溶剂、测定温度、光源波长、测定管长度有关。因此旋光仪测定的旋光度 α 并非特征物理常数,同一化合物测得的旋光度就有不同的值。因此为了比较不同物质的旋光性能,通常用比旋光度来表示物质的旋光性,比旋光度是物质特有的物理常数。

平面偏振光透过长 1dm 并每 100mL 中含有旋光性物质 1g 的溶液,在一定波长与温度下测得的旋光度称为比旋光度用 $[\alpha]_D^t$ 表示:

$$|\alpha|_D^t = \frac{100\alpha}{L \times C}。$$

式中:D——钠光谱的 D 线;

t——测定时的温度;

α——测得的旋光度;

L——测定管的长度(dm);

C——每 100mL 溶液中含被测物质的重量(g,按干燥品或无水物计算)。

2.物质的化学结构的影响

物质的化学结构不同,旋光性也不同。相同条件下有的旋转的角度大,有的旋转角度小;有的呈左旋("-"表示),有的呈右旋("+"表示);有些物质无手性碳原子,无旋光性。

3.溶液的浓度的影响

溶液的浓度越大,其旋光度也越大。在一定的浓度范围内,溶液的浓度和旋光度呈线性关系。测比旋度时,要求在一定浓度的溶液中进行。

4.溶剂的影响

(1)溶剂对旋光度的影响比较复杂。有些溶剂对待测物无影响,有的溶剂影响旋光的方向及旋光度的大小。

(2)测定待测物的旋光度和比旋度时,应注明溶剂的名称。

(3)光线通过液层的厚度,光线通过液层的厚度越厚,旋光度越大。

$$\alpha = |\alpha|_{D}^{t} \times L \times C/100$$

5.光的波长的影响

波长越短,旋光度越大。

6.温度的影响

一般情况下,温度的影响不是很大,对于大多数的物质,在黄色钠光的情况下,温度每升高1℃,比旋光度约减少千分之一。

7.葡萄糖变旋现象

葡萄糖有两种晶体,其物理性质见表2-1。

表2-1 葡萄糖中两种晶体的物理性质

	来源	m·p(℃)	溶解度(g/100mL 水)	$[\alpha]_{D}^{20}$
第一种	低于50℃水溶液中析出	146	82	+112°
第二种	高于98℃水溶液中析出	150	154	+19°

两种晶体溶于水后,比旋光度($[\alpha]_{D}^{20}$)都将随着时间的改变而改变,最后逐渐变成:$[\alpha]_{D}^{20}=+52.5°$,发生所谓"变旋现象"。

2.6.2 实验仪器及药品

仪器:手动旋光仪、自动旋光仪、阿贝折射仪。

药品:葡萄糖、无水乙醇。

2.6.3 实验装置图

测定溶液或液体旋光度的仪器称为旋光仪,旋光仪有圆盘旋光仪和自动旋光仪两种,如图2-9和图2-10所示。

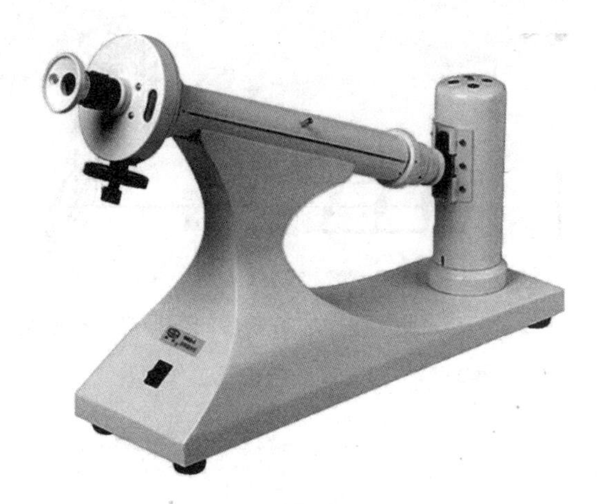

图 2-9　圆盘旋光仪

图 2-10　自动旋光仪

2.6.4　仪器原理

1.旋光仪构造原理

旋光仪的基本部件包括单色光源、起偏镜、测定管、检偏镜和检测器。

工作原理(见图 2-11):在起偏镜与检偏镜之间未放入旋光物质,如起偏镜与检偏镜允许通过的偏振光方向相同,则在检偏镜后面观察的视野是明亮的;如在起偏镜与检偏镜之间放入旋光物质,则由于物质旋光作用,使原来由起偏镜出来的偏振光方向旋转了一个角度 α,结果在检偏镜后面观察时,视野就变得暗一些。把检偏镜旋转某个角度,使亮度与未放入旋光物质时相同,这时检偏镜旋转的角度及方向即是被测样品的旋光度。

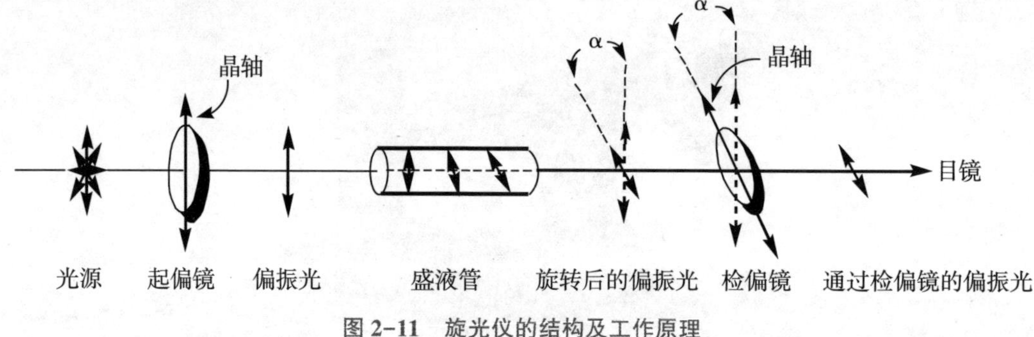

图 2-11 旋光仪的结构及工作原理

2.平面偏振光

光波是一种电磁波,它的振动方向与前进方向垂直。

在光前进的方向上放一个棱镜或人造偏振片,只允许与棱镜晶轴互相平行的平面上振动的光线透过棱镜,而在其他平面上振动的光线则被挡住。这种只在一个平面上振动的光称为平面偏振光,简称偏振光或偏光。

3.物质的旋光性

能使偏振光振动面旋转的性质,叫作旋光性。具有旋光性的物质叫作旋光性物质,又叫作光活性物质。不具有旋光性的物质叫作无光活性物质,见图 2-12。

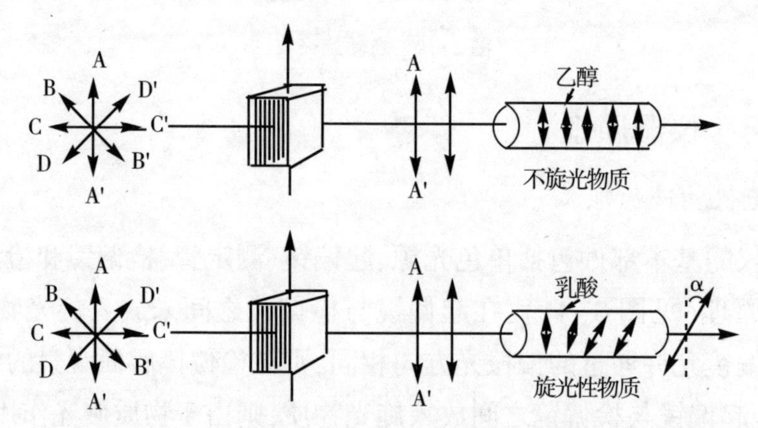

图 2-12 物质的旋光性

为了准确判断旋光度的大小,测定时通常在视野中分出三分视场,见图 2-13。当检偏镜的偏振面与通过棱镜的光的偏振面平行时,通过目镜可观察到图 2-13(c),即当中明亮,两旁较暗;检偏镜的偏振面与起偏镜的偏振面

平行时，可观察到图 2-13(a)，即当中较暗，两旁明亮；只有当检偏镜的偏振面处于半暗角(1/2ϕ)的角度时，视场内明暗相等，如图 2-13(b)，这一位置作为零度，使游标尺上 0°对准刻度盘 0°线。

光线从光源起，经过起偏镜，再经过盛有旋光性物质的旋光管时，因物质的旋光性使光线不能通过第二个棱镜，必须旋转检偏镜，才能通过。故要调节检偏镜进行配光，由标尺盘上移动的角度，可指示出检偏镜的转动角度，即为该物质在此浓度时的旋光度。

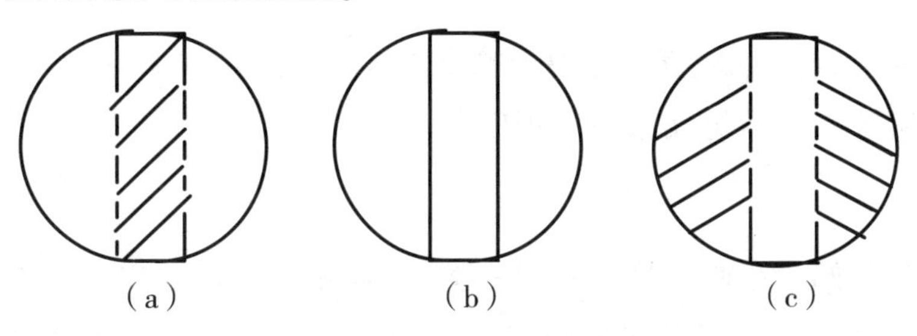

图 2-13　旋光仪三分视场的观测

2.6.5　实验操作步骤

1.待测溶液的配制

用天平准确称取 10.0~10.5g 葡萄糖和果糖样品，在 100mL 容量瓶中配成溶液，溶液若不透明澄清，则用滤纸过滤，放置过夜。

2.装待测液

洗净测定管后，用少量待测液润洗 2~3 次，注入待测液，并使管口液面呈凸面。将护片玻璃沿管口边缘平推盖好(以免使管内留存气泡)，装上橡皮填圈，拧紧螺帽至不漏水(太紧会使玻片产生应力，影响测量)。用软布擦净测定管，备用 (如有气泡，应赶至管颈突出处)。

3.旋光仪的零点校正

旋光仪接通电源，钠光灯发光稳定后(约 5min)，将装满蒸馏水的测定管放入旋光仪中(或者空气)，校正目镜的焦距，使视野清晰。旋转手轮，调整检偏镜刻度盘，使视场中三分视场的明暗程度一致，读取刻度盘上所示的刻度值。反复操作五次，取其平均值作为零点(零点偏差值)。

4.样品旋光度的测定

将充满待测样品溶液的样品管放入旋光仪内,旋转手轮调整检偏镜刻度盘,从目镜中可观察到几种情况;①中间明亮,两旁较暗;②中间较暗,两旁较明亮;③视场内明暗相等的均一视场。应调节视场成明暗相等的均一视场,读取刻度盘上所示的刻度值。按上述方法测其旋光度值,重复五次,取其平均值,即为旋光度的观测值,由观测值减去零点值,即为该样品真正的旋光度。也可由葡萄糖溶液的比旋光度计算浓度。

实验完毕,洗净测定管,再用蒸馏水洗净,擦干存放。

注意镜片应用软绒布揩擦,勿用手触摸。

5.读数(同游标卡尺)

刻度盘分两个半圆分别标出 0~180°,固定游标分为 20 等分。读数时,先读游标的 0 落在刻度盘上的位置(整数值),再用游标尺的刻度盘画线重合的方法,读出游标尺上的数值(可读出两位小数)。

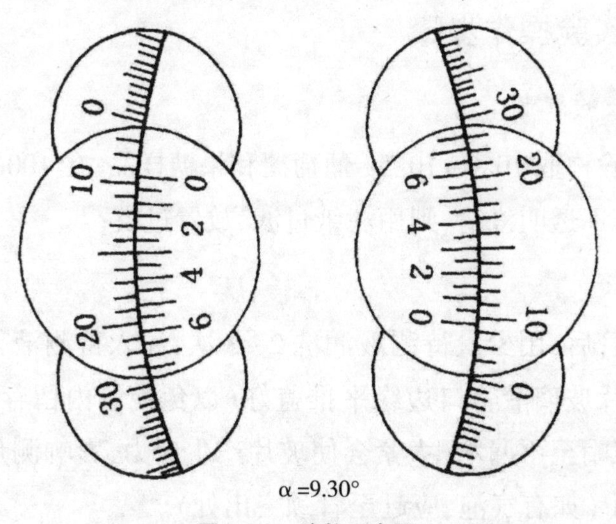

α =9.30°

图 2-14　读数示意图

6.比旋光度的计算

$$[\alpha]_{D}^{t} = 100\alpha/L \times C$$

C 的单位是 g/mL。

若所测物质为纯液体,计算比旋光度时,只要把公式中的 C 换成液体的

密度 d 即可。最常用的光源是钠光(D),$\lambda = 589.3$nm,所测得的旋光度记为 α。

所用溶剂不同也会影响物质的旋光度。因此在不用水为溶剂时,需注明溶剂的名称,例如,右旋的酒石酸在 5%的乙醇中其比旋光度为:$\alpha = +3.79°$(乙醇,5%)。

注意事项

(1)测定前以溶剂作空白校正,测定后,再校正一次,以确定测定时零点有无变动;如第二次校正时发现零点有变动,则应重新测定旋光度。

(2)配制溶液及测定时,应调节温度为 20±0.5℃。

(3)供试的液体或固体样品的溶液应不显浑浊或含有混悬的小颗粒,如有上述现象,则应预先过滤,并弃去初滤液。

2.6.6　测定折射率的意义

折射率是物质的一种物理性质。它是食品生产中常用的工艺控制指标,通过测定液态食品的折射率,可以鉴别食品的组成,确定食品的浓度,判断食品的纯净程度及品质。

蔗糖溶液的折射率随浓度增大而升高。通过测定折射率可以确定糖液的浓度及饮料、糖水罐头等食品的糖度,还可以测定以糖为主要成分的果汁、蜂蜜等食品的可溶性固形物的含量。

各种油脂具有其一定的脂肪酸构成,每种脂肪酸均有其特定的折射率。含碳原子数目相同时,不饱和脂肪酸的折射率比饱和脂肪酸的折射率大得多;不饱和脂肪酸分子量越大,折射率也越大;酸度高的油脂折射率低。因此测定折射率可以鉴别油脂的组成和品质。

正常情况下,某些液态食品的折射率有一定的范围,如正常牛乳乳清的折射率为 1.34199~1.34275,当这些液态食品因掺杂、浓度改变或品种改变等原因而引起食品的品质发生了变化时,折射率常常会发生变化。所以测定折射率可以初步判断某些食品是否正常。如牛乳掺水,其乳清折射率降低,故测定牛乳乳清的折射率即可了解乳糖的含量,判断牛乳是否掺水。

必须指出的是:折光法测得的只是可溶性固形物含量,但对于番茄酱、果酱等食品,已通过实验编制了总固形物与可溶性固形物关系表,用折光法测定可溶性固形物含量,即可查出总固形物的含量。

2.6.7 折射率实验原理

光的反射现象与反射定律:一束光线照射在两种介质的分界面上时,要改变它的传播方向,但仍在原介质上传播,这种现象叫光的反射,如图 2-15 所示。光的反射遵守以下定律:①入射线、反射线和法线总是在同一平面内,入射线和反射线分居于法线的两侧;②入射角 α 等于反射角 β。

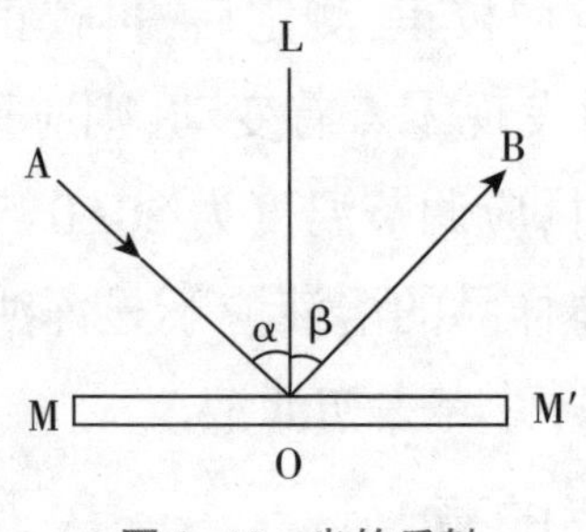

图 2-15 光的反射

2.6.8 光的折射现象与折射定律

光在两个不同介质中的传播速度是不相同的。当光线从一个介质 A 进入另一个介质 B 时,如果它的传播方向与两个介质的界面不垂直时,则在界面处的传播方向发生改变。这种现象称为光的折射现象。

光的折射光线从一种介质(A)射到另一种介质(B)时,除了一部分光线反射回第一种介质外,另一部分进入第二种介质中并改变它的传播方向,见图 2-16。

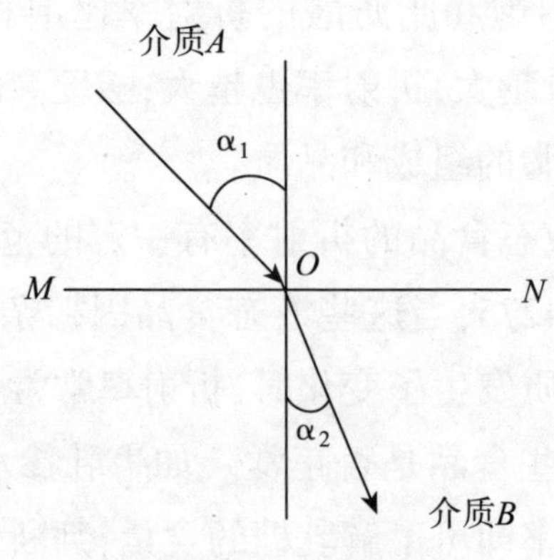

图 2-16 光的折射

根据折射定律,波长一定的单色光线,在确定的外界条件(如温度、压力等)下,从一个介质A进入另一个介质B时,入射角α_1和折射角α_2的正弦之比和这两个介质的折光率n_1(介质A的)与n_2(介质B的)成反比,即:

$$\frac{\sin\alpha_1}{\sin\alpha_2}=\frac{n_2}{n_1}。$$

1.光的折射定律

(1)入射线、法线和折射线在同一平面内,入射线和折射线分居法线的两侧;

(2)无论入射角怎样改变,入射角正弦与折射角正弦之比,恒等于光在两种介质中的传播速度之比,即:

$$\frac{\sin\alpha_1}{\sin\alpha_2}=\frac{v_2}{v_1}。$$

式中:v_1——光在第一种介质中的传播速度;

v_2——光在第二种介质中的传播速度;

α_1——入射角;

α_2——折射角。

光在真空中的速度c和在介质中的速度v之比,叫作介质的绝对折射率(简称折射率,折光率),以n表示,即:

$$n=\frac{c}{v}。$$

显然,$n_1=\frac{c}{v_1}$,　$n_2=\frac{c}{v_2}$。式中:n_1和n_2分别为第一介质和第二介质的绝对折射率。故折射定律可表示为:

$$\frac{\sin\alpha_1}{\sin\alpha_2}=\frac{n_2}{n_1}。$$

光密介质与光疏介质两种介质相比较,光在其中传播速度较大的叫光疏介质,其折射率较小,反之叫光密介质,其折射率较大。

2.全反射与临界角

当光线从光疏介质进入光密介质(如光从空气进入水中,或从样液射入棱镜中)时,因 $n_1<n_2$,由折射定律可知折射角 α_2 恒小于入射角 α_1,即折射线靠近法线;反之当光线从光密介质进入光疏介质(如从棱镜射入样液)时,因 $n_1>n_2$,折射角 α_2 恒大于入射角 α_1,即折射线偏离法线。在后一种情况下逐渐增大入射角,折射线会进一步偏离法线,当入射角增大到某一角度,如图2-17中4的位置时,其折射线4′恰好与 OM 重合,此时折射线不再进入光疏介质而是沿两介质的接触面 OM 平行射出,这种现象称为全反射。即光从光密介质射入光疏介质,当入射角增大到某一角度,使折射角达90°时,折射光完全消失,只剩下反射光,这种现象称为全反射。

发生全反射的入射角称为临界角。

因为发生全反射时折射角等于90°,所以:

$$n_1=n_2\sin\alpha_{临}。$$

式中:n_2——棱镜的折射率,是已知的。

因此,只要测得了临界角 $\alpha_{临}$ 就可求出被测样液的折射率 n_1。

若介质 A 是真空,则定其 $n=1$,于是:$n=\sin\alpha/\sin\beta$。

所以一个介质的折光率,是光线从真空进入这个介质时的入射角和折射角的正弦之比。这种折光率称为该介质的绝对折光率,通常测定的折光率,都是以空气作为比较的标准。

物质的折光率与它的结构和光线波长有关,而且也受温度、压力等因素的影响。折光率常用 n_D^t 表示,D 是以钠灯的D线(5893Å)作光源,t 是与折光率相对应的温度。

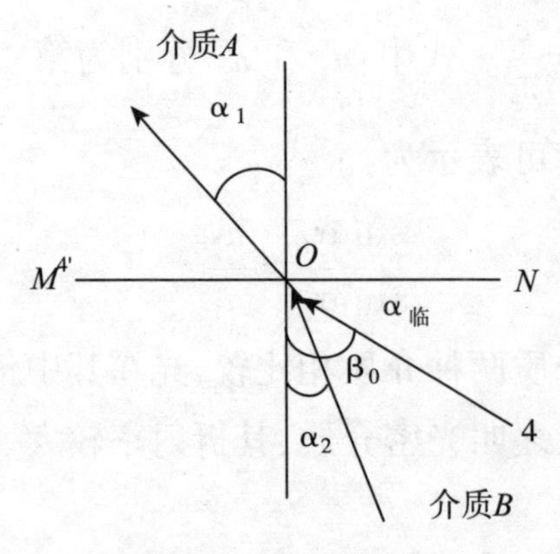

图2-17　光的全反射

由于通常大气压的变化对折光率的影响不显著,所以只在很精密的工作中,才考虑压力的影响。一般当温度增高 1℃时,液体有机化合物的折光率会减少 3.5×10^{-4}~5.5×10^{-4},不同温度测定的折光率,可换算成另一温度下的折光率。为了便于计算,一般采用 4×10^{-4}为温度每变化 1℃的校正值。这个粗略计算,所得的数值可能略有误差,但却有参考价值。通常文献中列出的某物质的折光率是温度在 20℃的数值。当实际测定时的温度高于(或低于)20℃时,所测折光率值应加上(或减去)$\Delta t\times4\times10^{-4}$,即换算公式为:

$$n_D^T = n_D^t + 4 \times 10^{-4}(t - T)$$

式中:t——规定的温度,℃;

T——实验时的温度,℃。

2.6.9　影响折射率测定的因素

1.光波长的影响

物质的折射率因光的波长而异,波长较长则折射率较小,波长较短则折射率较大。测定时光源通常为白光。当白光经过棱镜和样液发生折射时,因各色光的波长不同,折射程度也不同,折射后分解成为多种色光,这种现象称为色散。光的色散会使视野明暗分界线不清,产生测定误差。为了消除色散,在阿贝折光仪观测镜筒的下端安装了色散补偿器。

2.温度的影响

溶液的折射率随温度而改变,温度升高则折射率减小,温度降低则折射率增大。折光仪上的刻度是在标准温度 20℃下刻制的。所以最好在 20℃下测定折射率。否则,应对测定结果进行温度校正。超过 20℃时,加上校正数;低于 20 ℃时,减去校正数。

2.6.10　折光仪的校正

通常用测定蒸馏水折射率的方法进行校准,在 20℃下折光仪应表示出折射率为 1.33299 或可溶性固形物为 0%。若校正时温度不是 20℃,则应查出该温度下蒸馏水的折射率再进行核准。对于高刻度值部分,用具有一定折射率的标准玻璃块(仪器附件)校准。

校正方法是打开进光棱镜,在校准玻璃块的抛光面上滴一滴溴化萘,将其粘在折射棱镜表面上，使标准玻璃块抛光的一端向下，以接受光线。测得的折射率应与标准玻璃块的折射率一致。校准时若有偏差，则可先使读数指示于蒸馏水或标准玻璃块的折射率值，再调节分界线调节螺丝，使明暗分界线恰好通过十字线交叉点。

2.6.11 阿贝折光仪工作原理

如果介质 A 对于介质 B 是光疏物质，即 $n_A<n_B$ 时，则折射角 β 必小于入射角 α，当入射角 α 为 90°时，$\sin\alpha=1$，这时折射角达到最大值，称为临界角，用 β_0 表示。很明显，在一定波长与一定条件下，β_0 也是一个常数，它与折光率的关系是：$n=1/\sin\beta_0$。

可见通过测定临界角 β_0，就可以得到折射率，这就是用阿贝折光仪的基本光学原理。阿贝折光仪有消色散装置，可直接使用日光。

阿贝折光仪的结构见图 2-18。

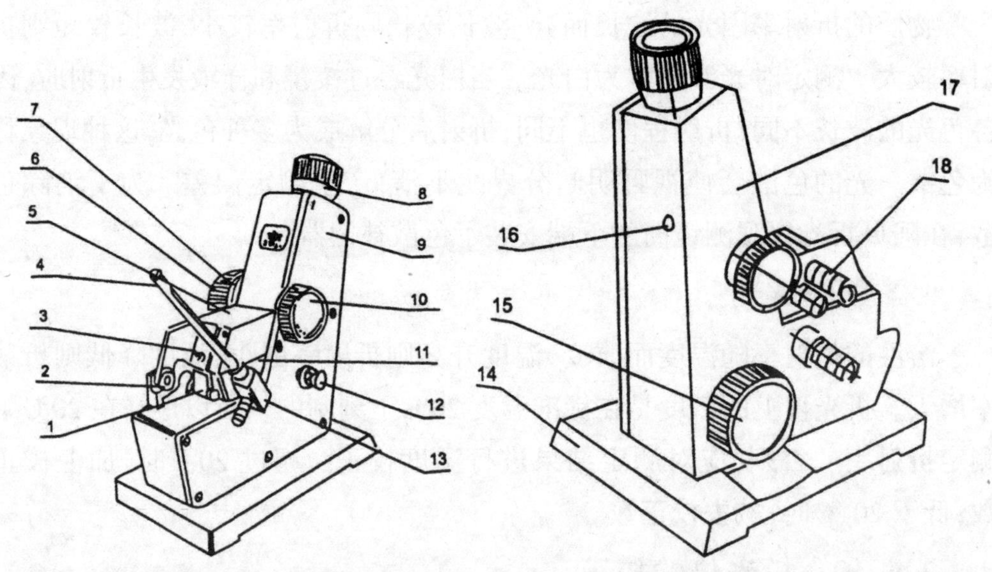

1.反射镜；2.转轴折光棱镜；3.遮光板；4.温度计；5.进光棱镜；6.色散调节手轮；7.色散值刻度圈；8.目镜；9.盖板；10.棱镜锁紧手轮；11.折射棱镜座；12.照明刻度盘聚光镜；13.温度计座；14.底座；15.折射率刻度调节手轮；16.调节物镜螺丝孔；17.壳体；18.恒温器接头。

图 2-18 阿贝折光仪的结构

2.6.12 阿贝折光仪的使用与操作方法

(1)分开直角棱镜，以脱脂棉球蘸取酒精擦净棱镜表面，挥干乙醇。滴

加 1~2 滴样液于进光棱镜的磨砂面上(或下面的镜面上),迅速闭合两块棱镜,调节反射镜,使镜筒内视野最亮。

(2)由目镜观察,转动棱镜旋钮,使视野出现明暗两部分。

(3)旋转色散补偿器旋钮,使视野中只有黑白两色。

(4)旋转棱镜旋钮,使明暗分界线在十字线交叉点。

(5)从读数镜筒中读取折射率或重量百分浓度。

(6)测定样液温度。

(7)打开棱镜,用水、乙醇或乙醚擦净棱镜表面及其他各机件。在测定水溶性样品后,用脱脂棉吸水洗净,若为油类样品,须用乙醇或乙醚、二甲苯等擦拭。

在阿贝折光仪的望远目镜的金属筒上,有一个供校准仪器用的示值调节螺钉,通常用 20℃ 的水校正仪器(其折光率 $N_D^{20}=1.3330$)。也可用已知折光率的标准玻璃校正。

2.6.13　准备工作

(1)测定前,必须先用标准试样校对读数。

(2)每次测定工作之前及进行示值校准时必须将进光棱镜的毛面、折射棱镜的抛光面及标准试样的抛光面,用脱脂棉花蘸取无水酒精与乙醚(1∶4)的混合液轻擦干净,以免留有其他物质,影响成像清晰度和测量精度。

1.加样

准备工作做好后,滴加数滴试样于辅助棱镜的毛镜面上,闭合辅助棱镜,旋紧锁钮。若试样易挥发,则可在两棱镜接近闭合时从加液小槽中加入,然后闭合两棱镜,锁紧锁钮。

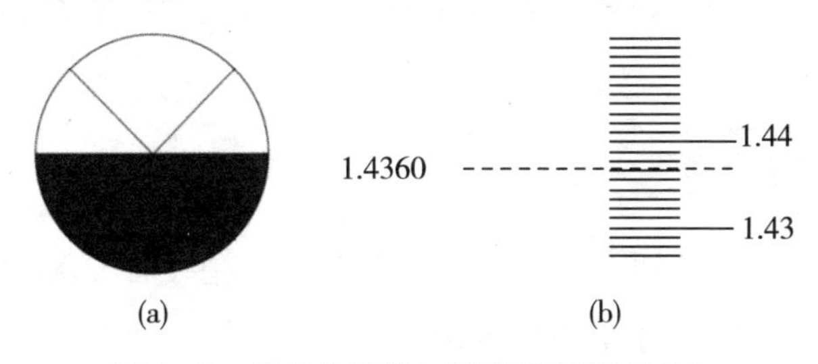

图 2-19　临界角视场(a)和读数镜视场(b)

2.对光

转动手柄，使刻度盘标尺上的示值为最小，于是调节反光镜，使入射光进入棱镜组，视场最亮。调节目镜，使视场最清晰。

3.粗调

转动手柄，使刻度盘标尺上的示值逐渐增大，直至观察到视场中出现彩色光带或黑白临界线为止。

4.消色散

转动消色散手柄，使视场内呈现一个清晰的明暗临界线。

5.精调

转动手柄，使临界线正好处在X形交叉点上，若此时又呈微色散，必须重调消色散手柄，使临界线明暗清晰。

2.6.14　乙醇测定

将被测液体用干净滴管滴在折射棱镜表面，并将进光棱镜盖上，用手轮(10)锁紧，要求液层均匀，充满视场，无气泡。打开遮光板(3)，合上反射镜(1)，调节目镜视度，使十字线成像清晰。此时旋转手轮(15)并在目镜视场中找到明暗分界线的位置，再旋转手轮(6)使分界线不带任何彩色，微调手轮(15)，使分界线位于十字线的中心，再适当转动聚光镜(12)，此时目镜视场下方显示的示值即为被测液体的折光率。若需测量在不同温度时的折射率，则将温度计旋入温度计座(13)，接上恒温器的通水管，把恒温器的温度调节到所需测量温度，接循环水，待温度稳定十分钟后，即可测量。

测定乙醇的折光率，并进行温度校正，与文献值比较。

仪器使用完毕后必须做好清洁工作，放入木箱内，木箱内应存有干燥剂以吸收潮气。

相关问题及注意事项

(1)阿贝折光仪的量程为1.3000~1.7000，精度±0.0001；如要测准至±0.0001，温度应控制在±0.1℃范围内。

(2)仪器在使用或储藏时，用黑布罩住。

(3)折光仪的棱镜必须注意保护,滴加样品时,滴管末端不得触及棱镜。

(4)每次使用前应洗净镜面,用后洗净晾干再闭上棱镜。

(5)对仪器有腐蚀和溶解作用的液体应避免使用。

(6)阿贝折光仪不能在较高温度下使用。

思考题

1.什么是旋光度?什么是比旋光度?

2.旋光度测定时应注意哪些事项?

3.影响旋光度测定的因素有哪些?

4.利用折光仪是否可以测出固体物质的折光率?

5.利用折光仪是否可以测出溶液的浓度?为什么?

6.为什么明暗分界面与十字线中心重合时所示才是折光率?

7.为什么液体的折光率不会小于1?

2.7　姜黄中姜黄素的提取——索氏提取法

实验目标

1.掌握用索氏提取法提取姜黄浸膏的原理及操作。

2.熟悉重量分析的基本步骤。

3.理解浸膏的概念。

4.掌握索氏提取器使用的优缺点。

实验重点

1.正确选择溶剂。

2.抽提管中样品的装样是否保持虹吸正常。

3.抽提的次数与间隔时间会影响提取效果。

4.提取在研究植物药方面的应用。

实验难点

1.定量检测时原料及成品的干燥称量。

2.溶剂的正确回收。

3.滤纸桶的安装和使用。

实验过程

有机天然产物是自然界生物体内存在或代谢产生的有机物质,种类繁多,无处不在,人类生活更是离不开天然产物。一些植物产生有价值的调味品、香料和染料,很早就应用于人类生产生活中。几千年来用来防病治病的中草药也是因为其中的各种化学成分起作用。

中药材姜黄为姜科姜黄属植物姜黄的干燥根茎,姜黄主要含姜黄酮、莪术酮、莪术醇、丁香烯龙脑、樟脑等挥发油以及姜黄素等成分,具有破血行气、通经止痛的功效,外用可治疗脓肿创伤。姜黄中约含天然化合物姜黄素3%~6%,分子式为 $C_{21}H_{20}O_6$,姜黄素最早是在1870年从姜黄中分离出来的一种多酚类化合物,也是植物界很稀少的具有二酮的色素,为二酮类化合物。姜黄素为橙黄色结晶粉末,味稍苦,不溶于水和乙醚,溶于脂溶性有机溶剂乙醇和乙二醇等,主要用于食品肠类制品、罐头等产品的着色,是天然食用色素之一,在药品、食品方面都有广泛的应用。

2.7.1 实验原理

将样品用无水乙醚、石油醚或乙醇等溶剂回流提取,使样品中的脂溶性成分进入溶剂中,回收溶剂后所得到的残留物,即为脂肪(或粗脂肪)或浸膏。因其中除脂肪外,还含有脂溶性的色素、脂溶性维生素、挥发油、蜡、树脂等脂溶性物质,所以本法又称为粗脂肪的测定。其本质是虹吸现象,即管内最高点液体在重力作用下往低位管口处移动,形成真空,在大气压作用下,高位管口的液体被吸进最高点,形成虹吸现象。

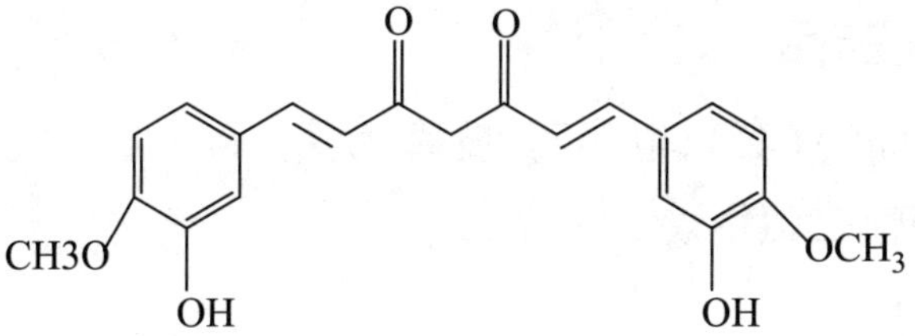

姜黄素

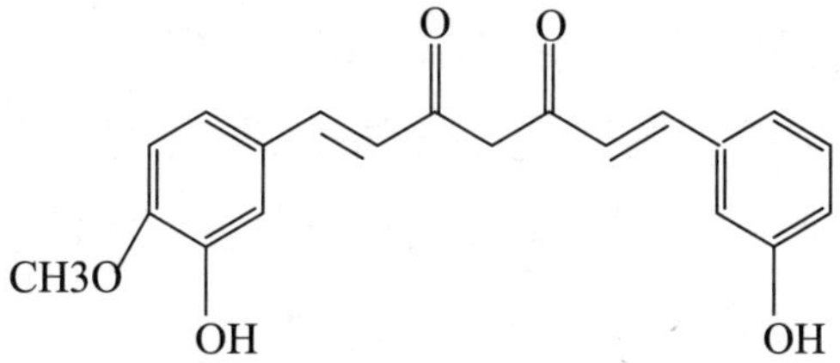

脱甲氧基姜黄素

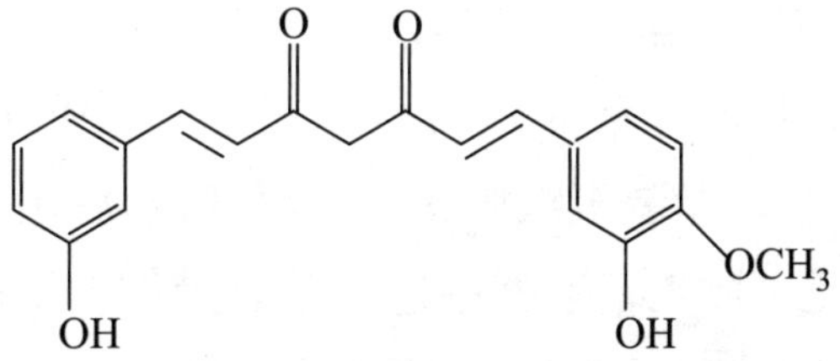

双脱甲氧基姜黄素

图 2-20　姜黄素的结构式

本实验利用姜黄素能溶于脂溶性溶剂这一特性,用脂溶性溶剂将姜黄素提取出来,借蒸发除去溶剂后称量。整个提取过程均在索氏提取器中进行,通常使用的脂溶性溶剂为乙醚,或沸点为 30~60℃的石油醚、二氯甲烷、乙醇等。用此法提取的脂溶性物质除姜黄素外,还有脂肪、游离脂肪酸、磷酸、固醇、芳香油及某些色素等,故称为“浸膏”。同时,样品中结合状态的脂类(主要是脂蛋白)不能被直接提取出来,所以该法又称为游离脂类定量测定法。

液-固萃取的原理如下:

萃取是有机化学实验中用来提取与纯化有机化合物常用的操作。利用溶剂从固体或液体混合物中提取出所需物质的操作过程称为萃取。萃取是利用物质在两种不互溶或微溶溶剂中具有固定分配系数来达到分离、提取或纯化目的的一种操作。常用的固体物质的萃取方法是将固体物质用溶剂浸出,经过一段时间回流后将混合物趁热过滤或者把上部清液倾析分离。一般来说,这种操作应重复多次,因为溶剂渗入固体物料中较慢,被萃取物质溶解和转移也都比较慢。因此,在实验室中多数采用索式提取装置从固体中萃取物质,用低沸点溶剂进行连续萃取。

2.7.2 实验仪器及药品

仪器:索式提取器(150mL)(套)、电热套、玻棒、烘箱。

药品:姜黄粉、无水乙醇、二氯甲烷。

2.7.3 实验装置图

图 2-21 为索氏提取器装置,由冷凝管、抽提管和平底烧瓶(圆底烧瓶)三个部件组成,通过标准磨口相对接。圆底烧瓶装溶剂,加热时溶剂蒸气经过竖着的玻璃侧管进入冷凝管,被冷凝后回流到提取器内装有固体物料的滤纸筒中,当溶液积聚到一定高度(弯曲的虹吸管的顶部水平线),即带着部分溶出物沿虹吸管流回到烧瓶中,溶剂不断地从烧瓶中蒸发,把冷凝液积聚到一定高度时又虹吸下来,如此循环萃取,最后便可把固体中的可溶性物质富集到烧瓶中。固体物料一般只能装至纸筒 3/4 的高度,然后用一层经溶剂萃取过的棉花盖在固体上,便可放入萃取器中进行萃取操作。使用该方法萃取要求被提取的有机物质比较稳定,在长时间的加热回流过程中,不会发生氧化分解或者变质。

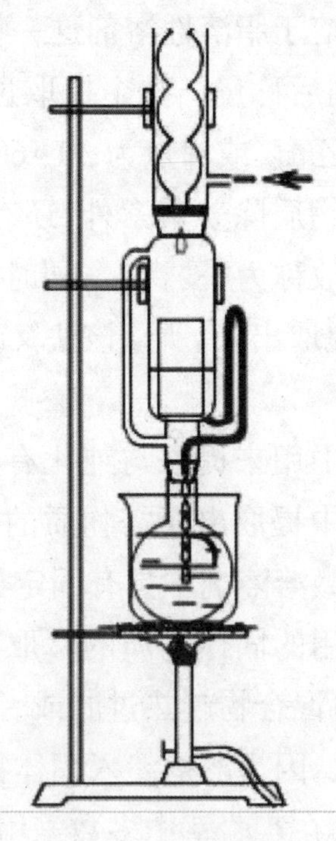

图 2-21　索式提取器

用铁架台、2 只十字夹、2 只烧瓶夹、2 根乳胶管和 2 套索氏提取仪来安装装置。注意按照由下而上的顺序来安装。固定点分别是平底烧瓶的颈部和提取管的颈部，索氏提取仪的高度以平底烧瓶的瓶颈略高于恒温水浴锅的液面为宜。注意：用烧瓶夹夹玻璃仪器时，要先用手找好感觉，不能太紧（否则会夹破）也不能太松（否则会打滑而导致索氏提取仪的标准磨口接口漏气）。

2.7.4　实验操作步骤

称取 10~20g 固体（姜黄）样品。将样品在 80~100℃ 电热鼓风干燥箱内烘去水分，一般烘 4h，烘干时要避免过热。样品颗粒不宜太大，一般要在研钵中研碎样品。样品若是液体，应将一定体积的样品滴在滤纸上，在 60~80℃ 电热鼓风干燥箱内烘干后，再进行实验。

（1）乙醇：用无水乙醇提取。

（2）准备工作：将恒温水浴锅的水温事先加热至 80℃。务必保证提取管和烧瓶内干燥、洁净；若否，则将其洗净并置于干燥箱内 120℃ 烘干。

（3）折滤纸筒：取一张 11cm 的滤纸，折成筒状，再将其一端折起来封死，便做成了滤纸筒。

（4）提取烧瓶的准备：100~105℃ 烘干 2h，恒重（前后两次称量差不超过 0.002g）。

（5）姜黄粉的制备与称取：准确称取经 100~105℃ 烘干、研细后的样品 2~5g，移入滤纸筒内。

（6）称样：取干燥的姜黄粉作为实验样品。将滤纸筒在电子天平上称重，然后用药勺取样品装入滤纸筒中，把滤纸筒的开口处折起来封死，防止样品泄出滤纸筒。调整滤纸筒的高度，使其放在抽提管中时略低于虹吸管的上弯头处。将装好样品的滤纸筒放在电子天平上称重，两质量之差即为样品的质量。

（7）提取：将索氏提取仪从下至上安装。首先安装好烧瓶，并调整其高度，使其刚好能浸入水浴锅里的水中。将装置从水浴锅的水中取出，继续安装提取管，把装有样品的滤纸筒放入提取管内，向提取管中缓缓倒入乙醇直至液面达到虹吸管上弯头部，正好虹吸一次；再向提取管中倒入乙醇，使其液面达到第一次液面的一半。用乳胶管将冷凝管与自来水管相连,将冷凝管安装到提取管上,检查一下,确保所有接口均对接完好(不漏气、不打滑)。轻轻打开自来水(冷凝用),将索氏提取器整个装置放入恒温水浴锅中加热提取(水温在90℃左右)。溶剂挥发,并通过蒸气连接管至冷凝管处冷凝回滴到脂肪提取管中,浸泡滤纸筒,当回滴的液面高于虹吸管时,溶剂(含有提取物质)回流到提取烧瓶中,完成一个循环。如此反复回流提取,直到姜黄素提取完全。提取时间为2~4h,约虹吸20次以上,记录每次虹吸所需的时间和虹吸次数。若要将样品的姜黄素提取完全,提取时间至少为12h。由于实验时间的限制,我们的提取率只能达到90%左右。

(8)回收乙醇:提取2h后,当乙醇在提取管中的液面即将达到虹吸管的上弯头处时,从水浴锅中取出索氏提取器装置,让乙醇虹吸而流入瓶中,取下回流管,取出滤纸筒及姜黄粉,继续放入恒温水浴锅中加热回收乙醇(取下平底烧瓶,回收提取管中的乙醇)直至冷凝管下端无乙醇滴下,表明平底烧瓶中的乙醇已经蒸干。注意:必须蒸干后才能放入干燥箱烘干,否则会引起火灾。

(9)称量粗浸膏质量:将平底烧瓶放入120℃的电热鼓风干燥箱中烘15min,取出冷却后称重(须戴手套,以免烫伤)。添加适量乙醇溶解后加入适量硅胶粉,将烧瓶放入热水中让乙醇蒸发,倒出干粉。再将平底烧瓶用洗涤剂洗净,于120℃的电热鼓风干燥箱中烘干(约15min),取出冷却后称重,两者的质量之差就是粗浸膏的质量。

(10)清洁:从提取管中取出滤纸筒,清洗提取管,整理好桌面上的仪器和试剂,并注意清洁自己的操作台,请老师验收。

计算样品粗浸膏的含量(%)=(粗浸膏的质量/样品的质量)×100%

2.7.5 记录与计算汇总

虹吸次数	1	2	3	4	5	6	7	8	9	10	……
虹吸时间											

滤纸筒质量（g）	滤纸筒+样品质量（g）	样品质量（g）	烧瓶+粗浸膏质量（g）	烧瓶质量（g）	粗浸膏质量(g)	虹吸时间（min）	提取次数	样品中粗浸膏的含量(%)

样品的质量 m(g)	脂肪烧瓶的质量 m_0(g)	脂肪和脂肪烧瓶的质量 m_1(g)			
		第一次	第二次	第三次	恒重值

计算公式：

$$X = \frac{m_1 - m_0}{m} \times 100$$

式中：X——样品中粗姜黄素的质量分数(%)；

M——样品的质量(g)；

m_0——脂肪烧瓶的质量(g)；

m_1——脂肪和脂肪烧瓶的质量(g)。

注意事项

滤纸筒的折叠：高于虹吸管、低于蒸气上升管。

提取溶剂：不超过圆底烧瓶体积的 2/3。

连接冷凝水：低进高出。

装样品的滤纸筒一定要严密，不能往外漏样品，但也不要包得太紧影响溶剂渗透。

滤纸筒的高度不要超过虹吸弯管，否则超过弯管的样品中的脂肪不能提尽，造成误差。

抽提是否完全，可用滤纸或毛玻璃检查，由抽提管下口滴出的乙醚滴在滤纸或毛玻璃上，挥发后不留下油迹表明已抽提完全。

思考题

1.简述索氏抽提器的提取原理及应用范围。

2.潮湿的样品可否采用乙醚直接提取？为什么？

3.使用乙醚作脂肪提取溶剂时,应注意的事项有哪些?为什么?

4.影响萃取效率的因素有哪些?

5.为什么包装试样的滤纸的上部不能高于索氏提取器支管的顶部?

6.索氏法测脂肪的注意事项有哪些?

7.如果样品是湿润的应如何处理?为什么?

2.8 薄层色谱及柱色谱

实验目标

1.掌握薄层色谱的概念及基本原理,掌握薄层色谱、柱色谱的操作及展开剂、洗脱剂的选择。

2.层析柱填装的过程及装柱要求,洗脱原理及操作。

3.熟悉层析技术的分类及特点。

4.了解薄层色谱的选择和薄层色谱检测的意义。

5.学会用薄层色谱法和柱色谱法分离混合物。

实验重点

1.薄层色谱、柱色谱的原理及应用。

2.薄层色谱、柱色谱的分类。

3.薄层色谱、柱色谱的操作。

实验难点

1.薄层色谱、柱色谱的选择及应用。

2.展开剂及洗脱剂的探索。

3.薄层色谱、柱色谱的操作方法。

4.薄层色谱、柱色谱的目的。

2.8.1　概述

层析 Chromatography(色谱),即利用混合物中各组分的物理化学性质间的差异(溶解度、分子极性、分子大小、分子形状、吸附能力、分子亲合力等),使各组分在支持物上集中分布在不同区域,借此将各组分分离。

层析法进行时有两个相,一个相称为固定相(Stationary phase),另一相称为流动相(Mobile phase)。由于各组分所受固定相的阻力和流动相的推力影响不同,各组分移动速度也各异,从而使各组分得到分离。

色谱法是分离、提纯和鉴定有机化合物的重要方法之一。常用于分离结构相近、物理性质和化学性质相似的物质。根据组分在固定相中的作用原理不同,可分为吸附色谱、分配色谱、离子交换色谱、排阻色谱等;根据操作条件的不同,又分为柱色谱、纸色谱、薄层色谱、气相色谱及高效液相色谱等类型。色谱分离的三要素是:①惰性支撑物即提供分离的场所(色谱柱、博层板、滤纸等);②固定相即固定不动的,起保留作用(硅胶、氧化铝等);③流动相即流动的,起运载作用(洗脱剂、淋洗剂、展开剂等各种溶剂)。

1.薄层色谱的原理

薄层色谱(Thin Layer Chromatography)常用 TLC 表示,又称薄层层析,属于固-液吸附色谱。样品在薄层板上的吸附剂(固定相)和溶剂(移动相)之间进行分离。由于各种化合物的吸附能力各不相同,在展开剂上移时,它们进行不同程度的解吸,从而达到分离的目的。

2.薄层色谱的用途

(1)化合物的定性检验(通过与已知标准物对比的方法进行未知物的鉴定)。

在条件完全一致的情况,纯粹的化合物在薄层色谱中呈现一定的移动距离,称比移值(R_f 值),所以利用薄层色谱法可以鉴定化合物的纯度或确定两种性质相似的化合物是否为同一物质。但影响比移值的因素有很多,如薄层的厚度,吸附剂颗粒的大小、酸碱性、活性等级,外界温度和展开剂纯度、组成、挥发性等。所以,要获得重现的比移值就比较困难。为此,在测定某一试样时,最好用已知样品进行对照。

$$R_f = \frac{\text{溶质最高浓度中心至原点中心的距离}}{\text{溶剂前沿至原点中心的距离}}$$

(2)快速分离少量物质(几到几十 μg,甚至 0.01μg)。

(3)跟踪反应进程。在进行化学反应时,常利用薄层色谱观察原料斑点的逐步消失,来判断反应是否完成。

(4)化合物纯度的检验(只出现一个斑点,且无拖尾现象,为纯物质)。

此法特别适用于挥发性较小或在较高温度易发生变化而不能用气相色谱分析的物质。

3.吸附剂的选择

薄层色谱中常用的吸附剂(固定相)和柱色谱一样,有氧化铝、硅胶等,只不过要求的颗粒更细(一般约 200 目左右)。颗粒太大,展开速度太快,分离效果不好;颗粒太细,展开时又太慢,可能会造成拖尾、斑点不集中等。由于用于薄层色谱的吸附剂颗粒较细,所以分离效率比相同长度的柱效率高得多。一般展开距离在 10~15cm 的薄层比展开距离在 40~50cm 的滤纸效率还高,斑点也比纸色谱的小。吸附剂常和少量黏合剂(如羧甲基纤维素钠,简称 CMC-钠、煅石膏 $2CaSO_4 \cdot H_2O$、淀粉等)混合,以增大吸附剂在板上的黏着力。薄层板分为两种:通常将加黏合剂的薄层板称为硬板,不加黏合剂的板为软板。大致说来,薄层用的硅胶类型分为硅胶 H,不加黏合剂;硅胶 G,含煅石膏作黏合剂;硅胶 H_{254},含荧光物质,可于波长 254nm 紫外光下观察荧光;硅胶 GF_{254},含煅石膏又含荧光剂。氧化铝也因含黏合剂和荧光物质分为氧化铝 G、氧化铝 GF_{254}及氧化铝 HF_{254}等。

薄层吸附色谱和柱吸附色谱一样,所使用的吸附剂对分析样品的吸附能力和样品的极性有关。极性大的化合物吸附性强,因而 R_f 值就小。因此利用硅胶或氧化铝薄层可将不同极性的化合物分离开来。

4.展开剂的选择

薄层吸附色谱展开剂的选择与吸附柱色谱洗脱剂的选择相同,极性大的化合物需用极性大的展开剂,极性小的展开剂用以展开极性小的化合物,即"相似相溶原理"。一般情况下,先选用单一展开剂如苯、氯仿、乙醇等,若发现样品各组分的比移值较大,可改用或加入适量极性较小的展开剂如石油醚等。反之,若样品各组分的比移值较小,则可加入适量极性较大的展开剂试行展开。在实际工作中,常用两种或三种溶剂的混合物作展开剂,这样更有利于调配展开剂的极性,改善分离效果。通常希望 R_f 值在 0.2~0.8,最理想的 R_f 值为 0.4~0.5。

在此过程中,选择合适的展开剂是至关重要的。一般展开剂的选择与柱色谱中洗脱剂的选择类似,即极性化合物选择极性展开剂,非极性化合物选择非极性展开剂。当一种展开剂不能将样品分离时,可选用混合展开剂。常见溶剂在硅胶板上的展开能力为:石油醚、己烷、四氯化碳、苯、氯仿、二氯甲烷、乙醚、乙酸乙酯、丙酮、乙醇、甲醇、乙酸等依此增强,即常用溶剂的极性顺序:石油醚 < 环己烷/己烷 < 苯 < 氯仿 < 乙醚 < 乙酸乙酯 < 丙酮 < 乙醇 < 甲醇 < 水。

一般展开能力与溶剂的极性成正比。混合展开剂的选择请参考柱色谱中洗脱剂的选择。

5.薄层板的制备

硅胶层析法的分离原理是根据物质在硅胶上的吸附力不同而得到分离,一般情况下极性较大的物质易被硅胶吸附,极性较弱的物质不易被硅胶吸附,整个层析过程即是吸附、解吸、再吸附、再解吸过程。

极性小的用极性弱的洗脱剂洗脱或展开,如乙酸乙酯、石油醚洗脱;极性较大的用极性较大的洗脱剂洗脱或展开,如甲醇、氯仿洗脱;极性大的用极性洗脱剂洗脱或展开,如甲醇、水、正丁醇、醋酸洗脱(如果拖尾可以加入少量氨水或冰醋酸)。

薄层硅胶层析板是用高纯度薄层层析硅胶(粉状)调入一定量的黏合剂制成,板面纯白、平整均匀、细密。

硅胶板的规格分为:G,H,GF_{254},HF_{254}。

硅胶 H:不含黏合剂。

硅胶 G:含煅石膏黏合剂。

硅胶 HF_{254}:含荧光物质,可用于波长为 254nm 紫外光下观察荧光。

硅胶 GF_{254}:既含煅石膏又含荧光剂。

硅胶薄层板制备时硅胶粉颗粒大小一般为260目以上。颗粒太大,展开剂移动速度快,分离效果不好;反之,颗粒太小,溶剂移动太慢,斑点不集中,效果也不理想。

化合物的吸附能力与它们的极性成正比,具有较大极性的化合物吸附较强,因而 R_f 值较小。

酸和碱 >醇、胺、硫醇> 酯、醛、酮 > 芳香族化合物 > 卤代物、醚 >烯 >饱和烃。

硅胶薄层板制备的好坏直接影响色谱的结果。薄层应尽量均匀且厚度要固定。否则,在展开时前沿不齐,色谱结果也不易重复。在烧杯中放入2g硅胶G,加入5~6mL 0.5%的羧甲基纤维素钠水溶液,调成糊状。将配制好的浆料倾注到清洁干燥的载玻片上,拿在手中轻轻地左右摇晃,使其表面均匀平滑,在室温下晾干后进行活化。

6.薄层板的活化

物质之所以能在吸附剂的薄层上分离,是因为在吸附剂的表面及其孔隙的表面存在许多活性点,被吸附物质的量以及被吸附的牢度在恒定条件下取决于活性点的强度(单位面积的表面能量)以及数目(每单位重量的表面积)。活性点的强度及数目较大时,吸附剂的活度就高,吸附剂的保留能力也较高,被吸附物质的 R_f 值就较小,不同物质在吸附剂上被吸附的能力不同,因此就可以彼此分离。

薄层活度的大小受大气相对湿度的影响,因为吸附剂表面能可逆地吸收水分。如果大气湿度过大,薄层活度过低,影响分离效果时,则必须将室温晾干的薄层板在点样前根据活度要求在一定温度下活化。薄层活度并非越大越好,一般晾干后的薄层在105~120℃干燥0.5~1h即可达到常规要求的Ⅱ~Ⅲ级活度。但是活化后的薄层板在点样过程中,在短短的几分钟内就可与环境中的相对湿度达到平衡,因此能在恒温恒湿的条件下进行吸附薄层分离是最理想的。

薄层板经过自然干燥后,再放入烘箱中活化,进一步除去水分。不同的吸附剂及配方,需要不同的活化条件。例如:硅胶一般在烘箱中逐渐升温,在105~110℃下,加热30min;氧化铝在200~220℃下烘干4h可得到活性为Ⅱ

级的薄层板,在150~160℃下烘干4h可得到活性为Ⅲ~Ⅳ级的薄层板。当分离某些易吸附的化合物时,可不用活化。

7.点样

把样品滴加到薄层板上的操作,称为点样。将样品用易挥发溶剂配成1%~5%的溶液。样品浓度过大,会引起斑点拖尾,浓度过稀又会造成斑点扩散,影响分离效果。在距薄层板的一端10mm处,用铅笔轻画一条横线作为点样时的起点线,在距薄层板的另一端5mm处,再画一条横线作为展开剂向上爬行的终点线(画线时不能将薄层板表面破坏)。见图2-22。

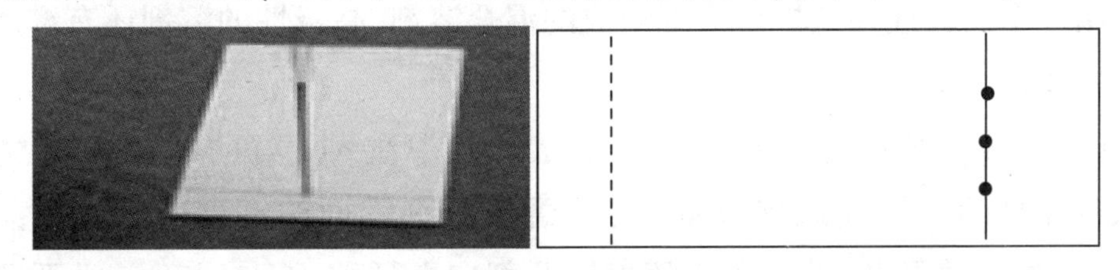

图2-22　点样

用内径小于1mm干净并且干燥的毛细管吸取少量的样品,轻轻触及薄层板的起点线(点样),然后立即抬起,待溶剂挥发后,再触及第二次,这样点3~5次即可,如果样度浓度低可多点几次。在点样时应做到“少量多次”,即每次点的样品量要少一些,点的次数可以多一些,这样可以保证样品点既有足够的浓度点又小。点好样品的薄层板待溶剂挥发后再放入展开缸中进行展开。

8.展开

薄层色谱的展开方法有上行法、下行法、双向展开法、径向展开法等。

上行法:使展开剂由下向上爬。

下行法:使展开剂由上向下,该法可使用极性较弱的展开剂。

双向展开法:取方形薄板像纸色谱一样进行双向展开。

径向展开法:可将吸附剂涂成圆形或扇形,在圆心部分加入展开剂,使薄层径向展开。

多次展开:用展开剂对薄层展开一次,称为单次展开。一次展开后取出薄板,挥发出去展开剂后再行展开。

梯度展开:该法所用的展开剂在连续不断地改变组成。一般可把一个装有强极性展开剂的滴定管深入密闭的含弱极性的展开剂的层析槽中,槽中用电磁搅拌器把滴下的强极性展开剂混匀,此时,展开剂的极性逐渐由弱变强,使极性差别较大的多种组分混合物得以很好的分离。

在薄层色谱中,当溶剂的极性太大时。会使待分离物全部接近溶剂前沿,当溶剂的极性太小时,又会使待分离物几乎全部保留在圆点,这两种情况待分离物都得不到分离。

使用单一溶剂,往往不能达到很好的分离效果,往往使用混合溶剂。通常使用一个高极性和低极性溶剂组成的混合溶剂,高极性的溶剂还有增加区分度的作用。

图 2-23 中倾斜上行法展开时,在展开缸中注入配好的展开剂,将薄层板点有样品的一端放入展开剂中(注意展开剂液面的高度应低于样品斑点)。在展开过程中,样品斑点随着展开剂向上迁移,当展开剂前沿至薄层板上边的终点线时,立刻取出薄层板。将薄层板上分开的样品点用铅笔圈好,计算比移值,见图 2-24。

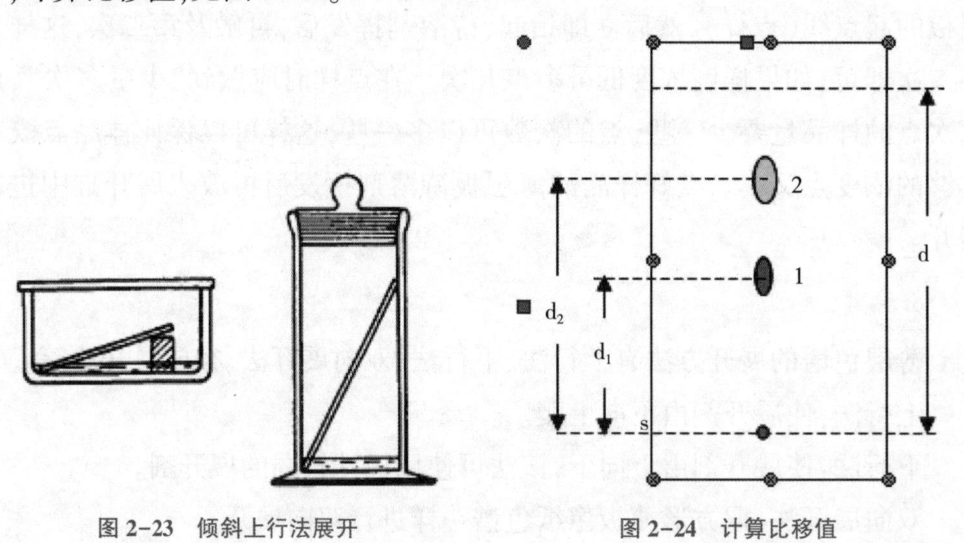

图 2-23 倾斜上行法展开　　　　图 2-24 计算比移值

9.比移值 R_f 的计算

某种化合物在薄层板上上升的高度与展开剂上升高度的比值称为该化合物的比移值,常用 R_f 来表示。

$$R_f = \frac{\text{溶质最高浓度中心至原点中心的距离}}{\text{溶剂前沿至原点中心的距离}}$$

对于一种化合物,当展开条件相同时,R_f 值是一个常数。因此,可用 R_f 作为定性分析的依据。但是,由于影响 R_f 值的因素较多,如展开剂、吸附剂、薄层板的厚度、温度等均能影响 R_f 值,因此同一化合物的 R_f 值与文献值会相差很大。在实验中我们常采用的方法是,在一块板上同时点一个已知物和一个未知物,进行展开,通过计算 R_f 值来确定是否为同一化合物。理想的值为 0.2~0.8,否则分离效果较差,需调换展开剂或调整溶剂比例。

10.显色

样品展开后,如果本身带有颜色,可直接看到斑点的位置。但是,大多数有机化合物是无色的,因此,就存在显色,即为了再现那些无色组分斑点所在位置的方法。常用的显色方法有显色剂法和紫外光显色法。

(1)显色剂法:常用的显色剂有碘和三氯化铁水溶液等。许多有机化合物能与碘反应,生成棕色或黄色的络合物。利用这一性质,在一密闭容器中(一般用展开缸即可)放几粒碘,将展开并干燥的薄层板放入其中,稍稍加热,让碘升华,当样品与碘蒸气反应后,薄层板上的样品点处即可显示出黄色或棕色斑点,取出薄层板用铅笔将点圈好即可。除饱和烃和卤代烃外,均可采用此方法。三氯化铁溶液可用于带有酚羟基化合物的显色。

(2)紫外光显色法:用硅胶 GF_{254} 制成的薄层板,由于加入了荧光剂,在 254nm 波长的紫外灯下,可观察到暗色斑点,此斑点就是样品点。

实验步骤

以薄层色谱分离甲基橙和酚酞为例。

(1)材料:层析缸、硅胶 GF_{254} 板、1%酚酞(乙酸乙酯溶剂)、0.2%甲基橙(乙酸乙酯和甲醇 1∶1 溶剂)、酚酞和甲基橙的乙酸乙酯的混合溶液。酚酞和甲基橙是两种常见的酸碱指示剂,它们在水中和有机溶剂中的溶解度不同,酚酞易溶于乙醇而不溶于水,甲基橙易溶于水。当有机溶剂流经混合物的样点时,甲基橙和酚酞会以不同的速度在薄层板上移动,酚酞的移动速度快于甲基橙,形成不同色斑,黄斑为甲基橙(在原点),红斑为酚酞(紫外灯照射下显色),从而达到分离的目的。

(2)展开剂:乙酸乙酯,置于层析缸中上行展开。

(3)点样:在距离薄板一端约1cm处,用尺子、铅笔轻画一横线作为起始线,并确定各样品点样位置,然后分别用毛细管吸取酚酞溶液、甲基橙溶液、二者混合液进行点样(距离左边1/4、1/2和3/4处分别点三个样),晾干。

(4)展开和显色:先在密闭的展开槽内倒入少量乙酸乙酯的展开剂,高度不能超过1cm。待其蒸气饱和,达到平衡。将点样后的薄层板放入展槽中,先不要接触展开剂,让薄层板吸附蒸气达饱和。将点样的一端放入展开剂中,垫高薄层板,始终使薄层板浸入展开剂为0.5cm,展开剂高度绝对不能浸过起始线。用上行法展开,待展开剂升到距离顶端1cm处时取出,待展开剂挥干后,观察分析,绝对不能使展开剂漫过薄层板的顶端。甲基橙样品本身是有色的,可以直接观察到分离的过程及结果。酚酞无色,则可通过紫外光灯显色。

(5)测量并计算比移值 R_f,与标准样点比较,确认混合样各组分斑点的归属。记录,并将色谱图描绘下来,附在报告中。

注意事项

(1)点样不能戳破薄层板面。

(2)展开时不要让展开剂前沿上升至底线。

2.8.2 柱层析法

薄层色谱适用于分离少量样品,主要用于分析鉴定;柱色谱的分离原理与薄层色谱类似,但柱色谱可用于分离较大量的样品。在色谱柱中填入表面积很大、经过活化的多孔性粉状固体吸附剂(硅胶、氧化铝)。分离的混合物溶液流过吸附柱时,各种成分同时被吸附在柱的上端。当洗脱剂流下时,由于不同化合物吸附能力不同,往下洗脱的速度也不同,即溶质在柱中自上而下按对吸附剂亲和力大小分别形成若干色带。再用溶剂洗脱时,已经分开的溶质可以从柱上分别洗出收集。

1.柱色谱及原理

液-固色谱是基于吸附和溶解性质的分离技术,柱色谱属于液-固吸附色谱。

当混合物溶液加在固定相上,固体表面借各种分子间力(包括范德华力和氢键)作用于混合物中各组分,以不同的作用强度被吸附在固体表面。

由于吸附剂对各组分的吸附能力不同,当流动相流过固体表面时,混合物各组分在液-固两相间分配。吸附牢固的组分在流动相分配少,吸附弱的组分在流动相分配多。流动相流过时各组分会以不同的速率向下移动,吸附弱的组分以较快的速率向下移动。随着流动相的移动,在新接触的固定相表面上又依这种吸附-溶解过程进行新的分配,新鲜流动相流过已趋平衡的固定相表面时也重复这一过程,结果是吸附弱的组分随着流动相移动在前面,吸附强的组分移动在后面,吸附特别强的组分甚至会不随流动相移动,各种化合物在色谱柱中形成带状分布,实现混合物的分离。

2.柱色谱分离条件

1)固定相选择

柱色谱使用的固定相材料又称吸附剂,吸附剂要求:不能与被分离的物质和展开剂发生化学作用。吸附剂的粒度大小要均匀。粒度小,表面积大,吸附能力强,分离效果好,但流速慢;粒度大,表面积小,吸附能力弱,分离效果差,但流速快。吸附剂对有机物的吸附作用有多种形式。以氧化铝作为固定相时,非极性或弱极性有机物只有范德华力与固定相作用,吸附较弱;极性有机物同固定相之间可能有偶极力或氢键作用,有时还有成盐作用。这些作用的强度依次为:成盐作用 > 配位作用 > 氢键作用 > 偶极作用 > 范德华力作用。有机物的极性越强,在氧化铝上的吸附越强。

吸附剂的粒度越小,比表面越大,分离效果越明显,但流动相流过越慢,有时会产生分离带的在重叠,适得其反。

常用吸附剂有氧化铝、硅胶、活性炭等。

色谱用的氧化铝可分酸性、中性和碱性三种。

(1)酸性:分离酸性物质,如有机酸类化合物。

(2)中性:分离中性物质,如醛、酮、醌和酯类化合物。

(3)碱性:分离碱性物质,如碳氢化合物、生物碱、胺等。

2)流动相选择

色谱分离使用的流动相又称展开剂。

展开剂对于选定了固定相的色谱分离有重要的影响。在色谱分离过程中,混合物中各组分在吸附剂和展开剂之间发生吸附-溶解分配,强极性展开剂对极性大的有机物溶解多,弱极性或非极性展开剂对极性小的有机物溶解多,随展开剂的流过,不同极性的有机物以不同的次序形成分离带。

在氧化铝柱中,可以选择适当极性的展开剂能使各种有机物按先弱后强的极性顺序形成分离带,流出色谱柱。

当一种溶剂不能实现很好的分离时,可以选择使用不同极性的溶剂分级洗脱。如一种溶剂作为展开剂只洗脱了混合物中一种化合物,对其他组分不能展开洗脱,那么需换一种极性更大的溶剂进行第二次洗脱。这样分次用不同的展开剂可以将各组分分离。

3)关于柱子的尺寸

柱子长了,相应的塔板数就高。柱子粗了,上样后样品的原点就小(反映在柱子上就是样品层比较薄),这样相对降低分离的难度。试想如果柱子高 10cm,而样品就有 2cm,那么分离的难度可想而知,恐怕要用很低极性的溶剂慢慢冲了。而如果样品层只有 0.5cm,那么各组分就比较容易得到完全分离了。

根据实际需要选择合适的柱子。如果所需组分和杂质分得比较开(杂质相差 0.1 以上),就可以少用硅胶,用小柱子(例如 200mg 的样品,用 2cm×20cm 的柱子);如果相差不到 0.1,就要加大柱子,也可以增加柱子的直径,比如用 3cm 的,也可以减小淋洗剂的极性。

4)关于干法、湿法装柱

装柱前,应先将玻璃柱洗净、干燥,垂直固定在铁架台上。在柱底铺一小块脱脂棉,再铺约 0.5cm 厚的石英砂,然后进行装柱。有湿法和干法两种装柱方法。

(1)干法装柱:在色谱柱顶端放一干净干燥的漏斗,将干燥的吸附剂(固定相)倒入漏斗中,使其成为细流连续不断地装入柱中。将吸附剂一次加入色谱管,振动管壁使其均匀下沉,打开旋塞,从顶端沿管壁缓缓加入开始层析时使用的流动相,以排除气泡,并保留一定液面。

另一种方法是将色谱管下端出口加活塞,加入适量的流动相,旋开活塞

使流动相缓缓滴出,然后自管顶缓缓加入吸附剂,使其均匀地润湿下沉,在管内形成松紧适度的吸附层。操作过程中应保持有充分的流动相留在吸附层的上面。

(2)湿法装柱:将吸附剂与流动相混合,搅拌以除去空气泡。在柱内先加入约 3/4 柱高的洗脱剂,徐徐倾入色谱管中,同时,打开下旋塞,待糊状物全部装完后,用接收到的洗脱剂转移残留的固定相,并将柱壁上的固定相淋洗下去,使色谱柱表面平整。让填装吸附剂所用流动相从色谱柱自然流下,装柱过程中,应不断轻敲色谱柱,以使固定相填充均匀、无气泡。整个装柱过程中,柱内洗脱剂的高度始终不能低于固定相最上端,否则柱内会出现裂痕和气泡,液面将与柱表面相平时,即加试样溶液。见图 2-25。

另外还有负压装柱,加压装柱等方法。

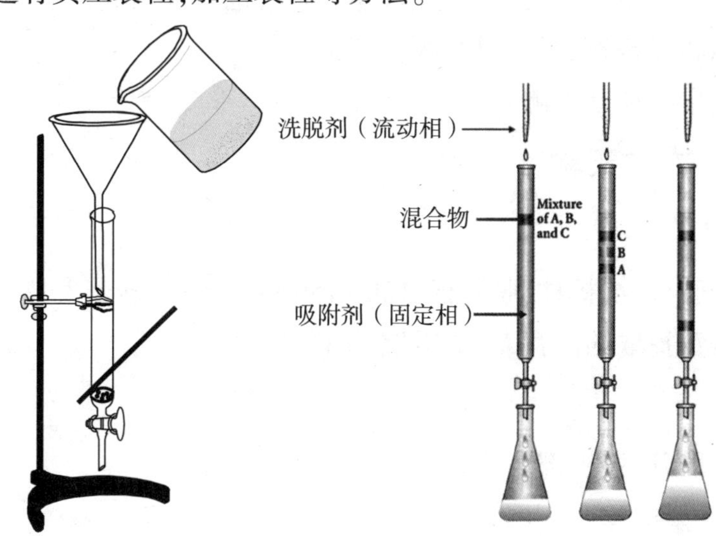

图 2-25　湿法加样

5)加样

湿法上样,一般用淋洗剂溶解样品,也可以用二氯甲烷、乙酸乙酯等,但溶剂越少越好,不然溶剂就成淋洗剂了。很多样品在上柱前是黏糊糊的,一般没关系。可是有的上样后在硅胶上又会析出,这一般都是比较大量的样品才会出现,是因为硅胶对样品的吸附饱和,而样品本身又是比较好的固体才会发生,这就应该先重结晶,得到大部分的产品后再柱分,如果不能重结晶那就不管它了,直接过就是了,样品随着淋洗剂流动会溶解的。

干法上样,一般用于固体或黏度大的液体样品。样品用低沸点易溶溶剂溶解,加入 1~3 倍的粗硅胶,晾干或旋干,干燥的标准是硅胶成细粉而不粘在瓶壁上。装好的柱子上留一段溶剂,把吸附了样品的硅胶慢慢倒进去,震动柱子或再加一些溶剂,把粘在柱壁上的硅胶洗下。

样品为液体,可直接加样;样品为固体,可选择合适溶剂溶解为液体再加样。加样时,要沿管壁慢慢加入至柱顶部,勿使样品搅动吸附剂表面。也可将样品溶解后附着在固定相上,除去溶剂后直接上样。加完样后上面放入一层脱脂棉,防止加洗脱剂时搅动。

6)洗脱

在柱顶不断加入洗脱剂,使洗脱剂永远保持有适当的量,不要让洗脱剂表面流干,使流动相流速适当。除单一溶剂外,也可采用混合溶剂,或采用梯度(开始是低极性溶剂,后面是高极性溶剂)。

最后,收集和纯度检测。

2.8.3 本次实验

1.实验仪器及药品

仪器:硅胶板、层析柱、脱脂棉、100~150 目硅胶、旋转蒸发仪。

药品:姜黄提取的浸膏、二氯甲烷、甲醇等。

2.实验装置图

见点板、展开、装柱部分。

3.关于操作问题

1)装柱

柱子下面的活塞一定不要涂润滑剂,会被淋洗剂带到产品中。干法和湿法装柱都可以,只要能把柱子装实就行。装完的柱子紧密度应适中(太密了淋洗剂走得太慢),一定要均匀(不然样品就会从一侧斜着下来)。

2)加样

用少量淋洗剂溶解样品后加样,加完后将下面的活塞打开,待溶剂层下降至石英砂面时,再加少量的低极性溶剂,然后再打开活塞,如此两三次,一般石英砂就基本是白色的了。加入淋洗剂,一开始不要加压,等溶样品的溶剂和样品层有一段距离(2~4cm就够了),再加压,这样避免了溶剂(如二氯甲烷等)夹带样品快速下行。

3)淋洗剂的选择

淋洗剂的选择通常是先用薄层色谱法进行探索,这样只需花较少的时间就能完成对溶剂的选择实验,然后将薄层色谱法找到的最佳溶剂或混合溶剂用于柱色谱。色谱的展开首先使用非极性溶剂如石油醚、环己烷,用来淋洗出极性最小的组分。然后逐渐增加淋洗剂的极性,使极性不同的化合物,按极性由小到大的顺序自色谱中淋洗下来。淋洗剂通常使用混合溶剂,即在非极性溶剂中加入不同比例的极性溶剂,如环己烷-乙酸乙酯(80∶20)、二氯甲烷-乙醚(80∶20)、二氯甲烷-乙醚(60∶40)、乙醚-甲醇(99∶1),混合溶剂不会使极性剧烈增加,柱上的色带则能以较合适的速度淋洗分离开。

4)样品的收集

用硅胶作固定相过柱子的原理是吸附与解吸的平衡。所以如果样品与硅胶的吸附比较强的话,就不容易流出。这样就会出现后面的点先出,而前面的点后出的情况。这时可以采用氧化铝作固定相。另外,收集的试管大小要以样品量而定,特别是小量样品,如果用大试管,可能一根就收到了三个样品。如果都用小试管那工作量又太大。

5)最后的处理

柱分后的产品,由于使用了大量的溶剂,其中的杂质也会累积到产品中,所以如果想送样分析,最好用少量的溶剂洗涤一下,因为大部分的杂质是溶在溶剂里的,容易洗涤,必要时进行重结晶。

4.实验操作步骤

1)姜黄素浸膏薄层色谱实验

展开剂:按二氯甲烷∶甲醇=9∶1配制展开剂。倒入层析缸中10~20mL。

点样:用乙醇溶解样品,在硅胶板上距底0.5~1cm用铅笔轻画一横线,用毛细管蘸样进行点样。

展开:将点好样的硅胶板放入层析缸进行层析。

展开的最高点为姜黄素,最低点为脱二甲氧基姜黄素。

$$R_f = \frac{\text{溶质最高浓度中心至原点中心的距离}}{\text{溶剂前沿至原点中心的距离}}$$

注意事项

(1)点样要集中,不要扩散太开,要有一定的浓度。

(2)放入展开瓶中时,点样不能在液面下,必修在液面上。

(3)展开过程要保持静置。

(4)展开结束要在溶剂前沿及时画线,溶剂前沿最高到距边缘0.5cm。

2)姜黄素浸膏柱层析实验

洗脱剂配制:二氯甲烷∶甲醇=9.5∶0.5。

制样:把姜黄素浸膏用少量二氯甲烷溶解后加入少量硅胶粉,搅拌至二氯甲烷溶剂挥发后得干燥原料备用(样品)。

装柱:可采用干法或湿法装柱。

干法是直接把硅胶粉装入层析柱中敲动震荡均匀即可,缺点是难于装得均匀。

湿法是在硅胶粉中倒入一定量的石油醚或二氯甲烷搅拌均匀后关闭层析柱下口阀门,倒入硅胶粉与石油醚或二氯甲烷的混合物,让其自然均匀下落然后打开阀门排除石油醚或二氯甲烷刚好到沉降的硅胶面。优点是硅胶装柱均匀,缺点是密度小,操作烦琐。

上样:采用干法上样,把制好的样品装入层析柱中敲动振荡均匀,上面再装入一层脱脂棉花。

洗脱:倒入洗脱剂进行层析,直到洗脱出需要段的产品。

收集、蒸馏:将收集到已分离开的收集段进行蒸馏即可得到纯品(最前段为第一个样品即脱甲氧基姜黄素)。

注意事项

(1)载玻片应干净且不被手污染,吸附剂在玻片上应均匀平整。

(2)点样不能戳破薄层板面,各样点间距1~1.5cm,样点直径应不超过2mm。

(3)本实验关键在于薄层板要求平滑均匀,即不应有纹路、带团粒,也不应有能看见玻璃的薄涂料点。

(4)点样用的毛细管必须专用,不得弄混,点样时,使毛细管液面刚好接触到薄层即可。

(5)点样时注意样点不能过大,切勿点样过重而使薄层被破坏。

(6)展开时注意观察样点的移动情况,不要让展开剂前沿上升至底线,否则无法确定展开剂上升高度,即无法求得 R_f 值和准确判断粗产物中各组分在薄层板上的相对位置。

(7)仔细测量移动的距离,计算 R_f 值。

(8)柱层析时洗脱剂应连续平稳地加入,不能中断。洗脱剂流出速度应控制在每分钟 5~10 滴。下移速度太快,分离效果不好;太慢,则会造成色谱扩散或成分破坏,影响分离效果。

薄层色谱和柱色谱的异同

相同点:薄层色谱和柱色谱都属于液-固吸附色谱,都是经过在吸附剂和展开剂(洗脱剂)之间的多次吸附-溶解作用,将混合物中各组分分离成孤立的样点,实现混合物的分离。

不同点:薄层色谱是将吸附剂涂布在玻璃板上,形成薄薄的平面涂层。干燥后在涂层的一端点样,竖直放入一个盛有少量展开剂的有盖容器中。展开剂接触到吸附剂涂层,借毛细作用向上移动。柱色谱是将吸附剂装于柱中,当待分离的混合物溶液流过吸附柱时,各种成分同时被吸附在柱的上端。当洗脱剂流下时,由于不同化合物吸附能力不同,往下洗脱的速度也不同,从而达到分离的目的。

思考题

1.如何利用 R_f 值来鉴定化合物?

2.薄层色谱法点样应注意些什么?

3.常用的薄层色谱的显色剂是什么?

4.简述色谱法的基本原理及应用范围。

5.色谱法按操作不同,如何分类?按作用原理不同,如何分类?

6.什么叫薄层色谱?其操作分为哪几个步骤?其定性依据是什么?怎么计算?

7.什么叫柱色谱?柱中若留有空气或填装不均匀,对分离效果有何影响?

第3章 有机化合物的制备实验

3.1 乙酸乙酯的制备

实验目标

1.掌握从有机酸合成酯的一般原理和方法。

2.掌握可逆反应合成的条件控制和实验方法。

3.熟悉酯的分离提纯、干燥等技术。

4.掌握产品纯度的检验方法和技术:气相色谱、红外光谱、沸点、密度、折光率、分馏提纯。

实验重点

1.掌握有机酸与醇合成酯的一般原理。

2.掌握合成酯的一般装置要求。

3.掌握回流、洗涤、蒸馏操作及原理。

实验难点

1.装置规范合理。

2.回流速度控制。

3.收集粗产品停止蒸馏时的条件判断。

4.分液漏斗的正确使用。

5.整个操作过程哪些条件需要仪器干净、干燥。

6.干燥剂的使用量控制。

7.精制蒸馏时收集产品的温度判断。

实验过程

3.1.1 实验原理

H^+可以用作酯化反应的催化剂。由于该反应是可逆反应,为了提高乙酸乙酯的产量,必须尽量使化学反应向有利于生成乙酸乙酯的方向进行,所以乙酸乙酯的制备反应常选用浓硫酸做催化剂。浓硫酸除了做酯化反应的催化剂以外还具有吸水性,可以吸收酯化反应中生成的水,使化学平衡向生成物方向进行,更有利于乙酸乙酯的生成。酯化反应中起催化剂作用的浓硫酸量很少,一般只要使硫酸的质量达到乙醇质量的3%就可以。但在实际实验中,浓硫酸的用量往往比较多,就是要利用浓硫酸的吸水性。

提高产率的方法:采用反应物乙醇过量(或不断蒸出乙酸乙酯和水的方法)。

除杂质:得到的粗品中含有乙醇、乙酸、乙醚、水等杂质,须采用洗涤、干燥、蒸馏进行精制除去。

主反应:

$$CH_3COOH+CH_3CH_2OH \xrightleftharpoons[110-120℃]{H_2SO_4} CH_3COO_2H_5+H_2O$$

副反应:

$$2CH_3CH_2OH \xrightarrow[140\sim150℃]{浓\ H_2SO_4} CH_3CH_2OCH_2CH_3+H_2O$$

3.1.2 实验仪器及药品

仪器:圆底烧瓶(100mL)、蒸馏瓶(50mL)、球形冷凝管、直形冷凝管、烧杯、分液漏斗、温度计(100℃,150℃)、接液管、电热套、蒸馏头、锥形瓶(50mL,100mL)。

药品：无水乙醇、冰醋酸、浓 H_2SO_4、饱和 Na_2CO_3、饱和 NaCl、饱和 $CaCl_2$、无水 $MgSO_4$ 等。

表 3-1　物理常数

药品名称	分子量	用量(mL)	沸点(℃)	密度(d_{20}^{4})	水溶解度(g/100mL)
冰醋酸	60.05	14.3	118	1.049	易溶于水
无水乙醇	46.07	23	78.4	0.7893	易溶于水
浓硫酸	98	7.5	338	1.84	易溶于水
乙酸乙酯	88.12		77.1	0.9005	微溶于水
其他药品	饱和碳酸钠、饱和氯化钠、饱和氯化钙溶液、无水碳酸钾				

3.1.3　实验装置图

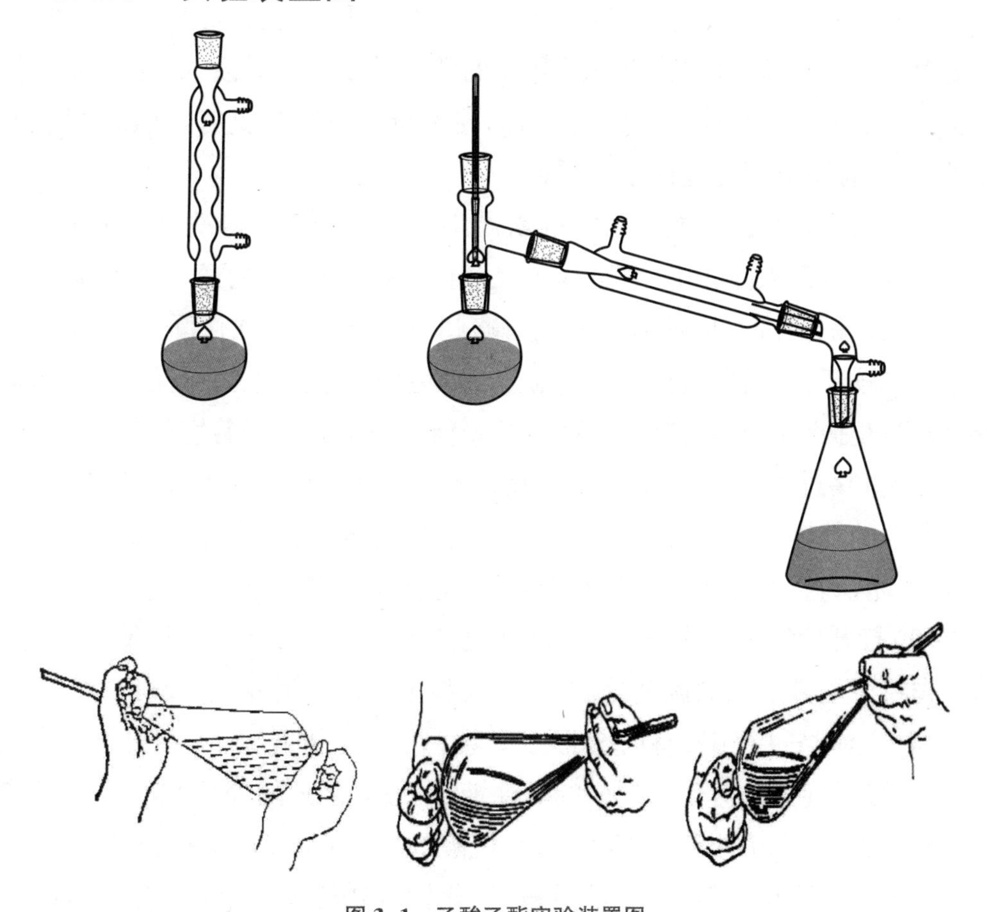

图 3-1　乙酸乙酯实验装置图

1.回流操作

(1)有些化学反应需要在反应体系的溶剂或液体反应物的沸点附近进行。

(2)反应速率小,或难于进行而需要使反应物长时间保持沸腾。

(3)某些反应放热,且反应物或产物的沸点较低。

2.洗涤操作

萃取与洗涤是有机化学实验中用来提取与纯化有机化合物常用的操作。利用溶剂从固体或液体混合物中提取出所需物质的操作过程称为萃取。从混合物中洗去少量杂质的操作过程称为洗涤,洗涤也是一种萃取。

洗涤时使用分液漏斗,应选择容积比液体体积大一倍以上的分液漏斗,在使用分液漏斗前,首先检查分液漏斗的活塞转动是否灵活,如遇转动困难,应在旋转活塞处正确涂上少许凡士林,用水试验密闭性良好(不漏)才能使用,如果仍有漏液情况应该立即更换。

洗涤前应先将漏斗放在固定的铁圈中,关好活塞,把待洗涤溶液和洗涤液依次自上口倒入漏斗中,塞紧塞子,注意使漏斗与塞子的通气孔不能相通。

(1)振荡操作时,应使漏斗的上口略朝下,右手手掌顶住漏斗颈部,握住漏斗上口颈部,并用食指根部压紧盖子,以免盖子松开,左手握住下端旋塞,既要能防止振荡时旋塞转动或脱落,又要便于灵活地旋开旋塞放气。

(2)振荡过程中,要不时将漏斗尾部向上倾斜,并打开活塞,以排出因振荡而产生的气体(也称"放气")。然后前后轻轻振摇,再放气,如此重复2~3次,再关闭活塞,将漏斗放回铁圈中静置,等两层液体完全分开。

(3)打开旋塞分离之前,应先打开漏斗上口的盖子,以使内部与大气相通。先将下层液从下端旋塞处放出后,再将上层液自漏斗上口倒出。

(4)在洗涤过程中,有时会形成乳浊液,在这种情况下,不可剧烈地振摇,而应慢慢旋摇。对于已形成的乳浊液,一般有下列的处理方法:①静置较长时间;②若是由于两种溶液(水与有机溶剂)的溶解度较大而造成乳化的,可以加入少量无机电解质(如硫酸铵、氯化钠等普通盐类)破坏它,或加入几滴乙醇降低表面张力。

(5)被洗涤的物质在水中溶解度较大,为了加速洗涤,可在水层中加入

食盐至饱和,以产生盐析效应,降低被洗涤的物质在水中的溶解度,从而提高洗涤效果。在两液相密度接近时可采用这一方法来增大水层的密度,使两相更易于分层。

3.干燥操作

在化学实验中,干燥是最常用又十分重要的基本操作,对有机化合物进行分离提纯时也经常用到干燥操作,以除去混杂或黏附在被提纯物质中的水分、醇类或其他溶剂,否则将直接影响产品的质量及分析鉴定结果。化学实验中常用于液体的干燥剂分为两大类:第一类,与水结合,过程是可逆的;第二类,与水作用后生成新的化合物,反应不可逆。

(1)与水可逆结合的干燥剂。这类干燥剂直接与化合物接触,要求不与被干燥物质发生化学反应或配位等作用,也不溶解于被干燥的液体中,吸水后形成水合物。由于所有水合物都具有一定的水蒸气压,故这类干燥剂不能彻底除去水分。酸(或碱)性物质不能用碱(或酸)性干燥剂;氯化钙由于易与醇类、胺类形成配合物,因此不能用于干燥醇或胺类液体;氢氧化钠(钾)能溶于低级醇,因此不能用于干燥低级醇。

干燥剂形成水合物需要一定的平衡时间,在此过程中有机物也可能吸收空气中的水分。因此,投加干燥剂后,需要密闭放置一段时间,并不时加以振摇,才能达到预期的干燥效果。实验室中通常使用锥形瓶作容器,加入干燥剂后用塞子塞紧。已吸水的干燥剂受热后又会脱水,其蒸气压随温度的升高而增大,所以已干燥的液体在蒸馏之前必须将干燥剂滤去。

干燥剂是否足够,可以通过细心观察进行判断。在干燥一定时间后,观察干燥剂的形态,若它的大部分棱角还清晰可辨,则表明干燥剂的量已经足够了;如果干燥剂结块,在瓶底聚集在一起,或相互粘接,附在瓶壁上,则表明干燥剂量不够,需要继续补加干燥剂。

(2)与水发生化学反应的干燥剂。此类干燥剂的特点是干燥效能高,但吸水容量不大,通常在用第一类干燥剂干燥后,再用这类干燥剂除去残留的少量水分。常见液体有机化合物的干燥剂见表3-2。

表 3-2 各类液体有机化合物的常用干燥剂

干燥剂	吸水作用	干燥效能	干燥速率	适用范围
氯化钙	形成 $CaCl_2 \cdot nH_2O$ n=1,2,4,6	中等	较快,但吸水后表面被薄层液体覆盖,故放置时间较长	能与醇、酚、胺及某些醛、酮形成配合物,因此不能干燥这些化合物。工业氯化钙可能含有氢氧化钙,因此不能用于干燥酸。
硫酸镁	形成 $MgSO_4 \cdot nH_2O$ n=1,2,4,5,6,7	较弱	较快	中性,应用范围广,可代替氯化钙,并可用于干燥酯、醛、酮、腈、酰胺类化合物。
硫酸钠	形成 $NaSO_4 \cdot 10H_2O$	弱	缓慢	中性,一般用于液体有机化合物的初步干燥。
硫酸钙	形成 $2CaSO_4 \cdot H_2O$	弱	快	中性,常与硫酸镁配合使用,进行最后干燥。
碳酸钾	形成 $2K_2SO_4 \cdot H_2O$	较弱	慢	弱碱性,用于干燥醇、酮、酯、胺及杂环等碱性化合物,不能干燥酸、酚及其他酸性化合物。
浓硫酸	吸水	强	快	酸性,用于脂肪烃和卤代烃的干燥,但不能干燥烯烃、醇、醚类。
氧化钙	与水反应生成氢氧化钙	强	较快	适用于干燥低级醇。

3.1.4 实验操作步骤

1.合成

(1)在电热套上放上水浴(或在电磁搅拌机上放上水浴)。

(2)再在 100mL 圆底烧瓶中加入 23mL(18g,0.4mol)无水乙醇(密度 0.791,20℃),14.3mL(15g,0.25mol)冰醋酸(密度 1.0492,20℃),在摇动下慢慢小心加入 7.5mL 浓 H_2SO_4,混匀后加入沸石(或约 1.5cm 长的毛细管 3~4根)。如用电磁搅拌机,则再放入搅拌子。

(3)装上球形冷凝管。

(4)加热缓慢回流 0.5h(如用电磁搅拌,在搅拌下加热缓慢回流 0.5h)。

(5)冷却反应物,将回流改成蒸馏装置,接收瓶用冷水冷却,蒸出生成的

乙酸乙酯，直到在沸水浴上不再有馏出物（馏出液约为反应物总体积的1/2），得到粗乙酸乙酯。

2.精制

（1）在馏出液中慢慢加入饱和Na_2CO_3，振荡，至不再有CO_2气体产生为止，检测pH是否为中性。

（2）将混合液转入分液漏斗，静止后分去水层溶液（下层）。

（3）有机层用10mL饱和NaCl溶液洗涤，静止后分去水层溶液（下层）。

（4）再用20mL饱和$CaCl_2$溶液分两次洗涤（每次10mL），静止后分去水层溶液（下层）。

（5）有机层从上口倒入干燥干净的三角烧瓶中，用无水$MgSO_4$干燥30min（无水$MgSO_4$的用量要合理）。

（6）把干燥后的有机层小心地倒入干燥的50mL圆底烧瓶中，加入沸石（或约1.5cm长的毛细管3~4根），在水浴上安装蒸馏装置，蒸馏收集67~72℃馏分。即得产品乙酸乙酯为无色透明，具有芳香气的液体。

3.实验步骤流程（精制）

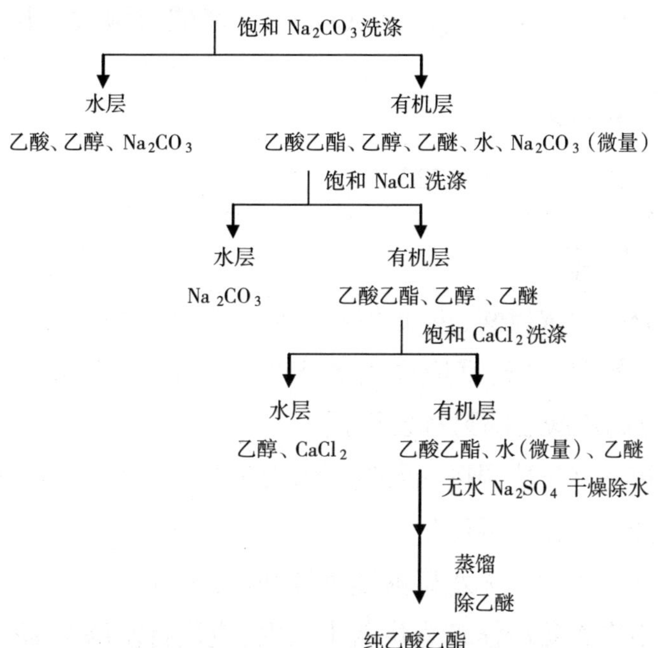

3.1.5 称量，计算产率

本实验采用乙醇过量，故以冰乙酸为计算标准。

理论产量：0.25×88=22g。

产率=实际产量/22×100%。

3.1.6 测定折光率

(1)为提高产率，常采用乙醇过量的方法，因乙醇价格便宜。

(2)反应温度不得超过125℃，否则增加副产物乙醚的量。

(3)乙酸乙酯与水或乙醇分别形成二元或三元共沸物，因此酯层中乙醇或水除不干净，会形成低沸点共沸物，从而影响收集率。

表3-3 二元或三元共沸物组成(%)

沸点(℃)	$CH_3COOC_2H_5$	C_2H_5OH	H_2O
70.2	82.6	8.4	9.0
70.4	91.9	—	8.1
1.8	69.0	31.0	—

(4)不能用 NaOH 代替 Na_2CO_3 洗涤醋酸，否则造成酯在强碱性条件下水解。

(5)产物分析。

测折光率：($n_D^{20}=1.3727$)

注意事项

(1)分批加浓硫酸，边加边摇边冷却，防止乙醇氧化。

(2)装置要严密，反应完后要先停火，稍冷却后再拆卸装置，假如未冷却，低沸点的乙酸乙酯易挥发而损失。

(3)控制好反应温度，否则会增加副产物乙醚的含量和炭化。

(4)洗涤时注意顺序。

(5)分净水后用无水硫酸镁干燥20~30min。

(6)不得将硫酸镁带入烧瓶中蒸馏，应进行水浴蒸馏。

思考题

1.酯化反应有什么特点？在实验中如何创造条件促使酯化反应尽量向生成物方向进行？

2.本实验采用醋酸过量的做法是否合适？为什么？

3.蒸出的粗乙酸乙酯中主要有哪些杂质？如何除去？

4.为什么使用饱和NaCl溶液洗涤？能不能用水代替？

5.在使用分液漏斗进行分液时，操作中应防止哪几种不正确的做法？

3.2　正溴丁烷的制备

实验目标

1.了解由醇制备正溴丁烷的原理和方法，掌握回流和有害气体吸收装置的安装和操作。

2.掌握阿贝折光仪的操作方法。

3.巩固分液漏斗的使用、液体化合物的干燥、蒸馏等基本操作。

4.回顾总结亲核取代(S_N2)的条件。

5.体会根据条件设计反应装置及操作步骤。

6.理解卤代烃合成的主要方法和途径。

7.掌握查找实验手册及文献，设计制备方案；掌握低沸点物蒸馏、洗涤的基本操作；熟悉异相反应的合成方法；学会溴丁烷的制备。

实验重点

1.实验试剂的正确性。

2.溴化钠(钾)可多不可少。

3.回流反应时温度控制在小回流条件下，不可猛加热。

4.洗涤时要充分静置。

5.干燥剂用量适当，放置适当时间。

6.废气处理(吸附)装置合理安装,对不同有毒、有害废气处理方法的理解和掌握。

实验难点

1.装置规范合理。

2.回流速度控制。

3.收集粗产品停止蒸馏的条件判断。

4.分液漏斗的正确使用。

5.干燥剂的使用量控制。

6.精制蒸馏时收集产品的温度判断。

实验过程

3.2.1 实验原理

正溴丁烷由正丁醇与 NaBr、浓 H_2SO_4 共热而制备。

主反应:

$$n-C_4H_9OH+NaBr+H_2SO_4 \longrightarrow n-C_4H_9Br+NaHSO_4+H_2O$$

副反应:

$$CH_3CH_2CH_2CH_2OH \xrightarrow[\triangle]{H_2SO_4} \underset{\text{1-丁烯}}{CH_3CH_2CH=CH_2}+H_2O$$

$$2CH_3CH_2CH_2CH_2OH \xrightarrow[\triangle]{H_2SO_4} \underset{\text{丁醚}}{CH_3CH_2CH_2CH_2OCH_2CH_2CH_2CH_3}+H_2O$$

$$2HBr+H_2SO_4 \xrightarrow[\triangle]{} Br_2+SO_2+2H_2O$$

3.2.2 实验仪器及药品

仪器:圆底烧瓶(50mL、100mL 各 1 个)、冷凝管(直形、球形各 1 支)、温度计套管(1 个)、短径漏斗(1 个)、烧杯(800mL 1 个)、蒸馏头(1 个)、接引管(1 个)、水银温度计(150℃1 支)、锥形瓶(2 个)、分液漏斗(1 个)。

药品:正丁醇 7.4 g (9.2 ml,0.1mol)、无水溴化钠 13 g (0.13 mol)、浓硫酸(d=1.84) (14 mL,0.18 mol)、饱和碳酸氢钠溶液、无水氯化钙。

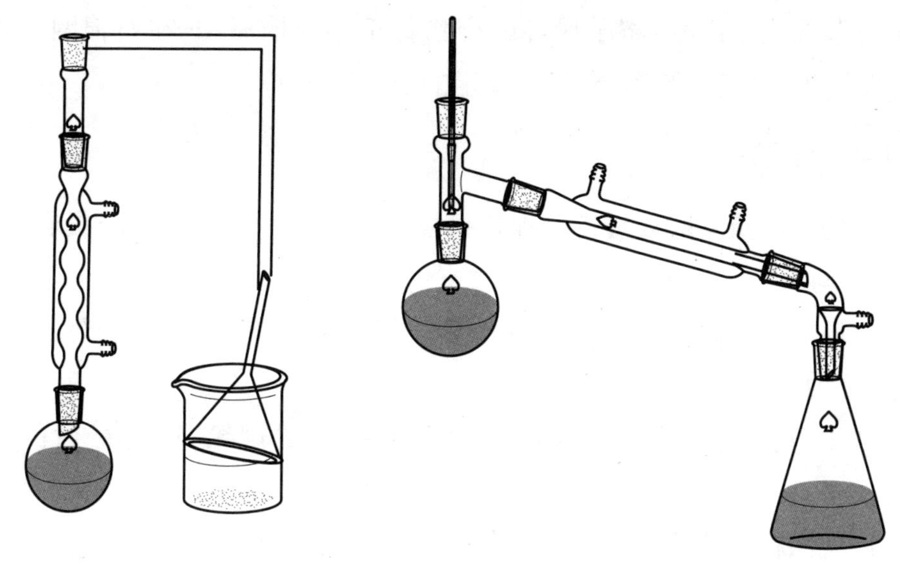

图 3-2　正溴丁烷实验装置图

3.2.3　实验操作步骤

(1)投料:在圆底烧瓶中加入 10mL 水,再慢慢加入 14mL 浓硫酸,混合均匀并冷至室温后,再依次加入 9.2mL 正丁醇和 13g 溴化钠,充分振荡后加入几粒沸石。

(2)安装回流装置(含气体吸收部分,用 5%氢氧化钠溶液作吸收液,防止碱液被倒吸)。

(3)加热回流:保持沸腾而又平稳回流,不时摇动烧瓶促使反应完成。反应约 45min。

(4)分离粗产物:待反应液冷却后,改回流装置为蒸馏装置,蒸出粗产物(注意判断粗产物是否蒸完)。

(5)洗涤粗产物:①水洗,分液得粗产品(加入等体积的水洗涤,取下层);②用等体积的浓硫酸洗涤(另取一干燥的分液漏斗,除去正丁醇、正丁醚、1-丁烯、2-丁烯,取上层)。③用等体积的水(除硫酸)洗,取下层);④饱和碳酸氢钠溶液洗(中和未除尽的硫酸,取下层);⑤水洗(除去残留的碱,取下层)。

(6)干燥:洗净后的粗产品转入干燥的锥形瓶中,加入适量的无水氯化钙干燥,间歇摇动锥形瓶,直到液体清亮为止。

(7)蒸馏收集产物:将干燥好的产物移至小蒸馏瓶中,在石棉网上加热蒸馏,收集99~103℃的馏分、温度稳定的馏分。

注意事项

(1)稀释浓硫酸时要缓慢并保持振摇,投料时应严格按顺序,投料后,一定要混合均匀。

(2)反应时,保持回流平稳进行,导气管末端的漏斗不可全部浸入吸收液,防止倒吸。

(3)水汽蒸馏完毕后应及时洗净蒸馏装置置烘箱,以备最后的产品蒸馏。

(4)洗涤粗产物时,注意正确判断哪一层是有机层。

(5)干燥剂不可在空气中暴露太久,否则会吸水,干燥剂用量应合理。

(6)最后蒸馏的所有装置须清洁干燥,防止再污染。

(7)如果用溴化钾或含结晶水的溴化钠则需要换算。

(8)第一次蒸馏是否完全的判断:①馏出液是否澄清,澄清表明蒸完;②反应瓶中油层是否消失;③可用小试管接几滴馏液,再加几滴水摇动下静置看是否有油珠或分层。应用两个条件以上做判断。

(9)用硫酸洗涤后呈红色是由于硫酸的氧化作用生产游离的溴,可以用几毫升饱和的亚硫酸氢钠洗涤除去。

本实验的成败关键

反应终点和粗蒸馏终点的判断。

思考题

1.什么时候用气体吸收装置?如何选择吸收剂?

2.在正溴丁烷的合成实验中,蒸馏出的馏出液中正溴丁烷通常应在下层,但有时可能出现在上层,为什么?若遇此现象如何处理?

3.粗产品正溴丁烷经水洗后油层呈红棕色是什么原因?应如何处理?

4.本实验中硫酸的作用是什么?硫酸的用量和浓度过大或过小有什么

不好？

5.反应后的产物中可能含有哪些杂质？各步洗涤目的何在？用浓硫酸洗涤时为何需用干燥的分液漏斗？

6.用分液漏斗洗涤产物时，产物时而在上层，时而在下层，用什么简便方法加以判断？

7.为什么用饱和的碳酸氢钠溶液洗涤前先要用水洗一次？

8.用分液漏斗洗涤产物时，为什么摇动后要及时放气？应如何操作？

9.加料时，如不按实验操作中的加料顺序，而是先使溴化钠与浓硫酸混合，然后再加正丁醇和水，那么将会出现什么现象？

10.从反应混合物中分离出粗产品 1−溴丁烷时，为何用蒸馏分离，而不直接用分液漏斗分离？

11.本实验有哪些副反应发生？采取什么措施加以抑制？

12.回流在有机制备中有何优点？为什么在回流装置中要用球形冷凝管？

13.在正溴丁烷制备实验中，硫酸浓度太高或太低会带来什么结果？

14.以溴化钠、浓硫酸和正丁烷制备正溴丁烷时，浓硫酸要用适量的水稀释，其目的是什么？

15.写出正丁醇与氢溴酸反应制备 1−溴丁烷的反应机制。并说明实验中采用了哪些措施使可逆反应的平衡向生成 1−溴丁烷的方向移动。

16.在制备 1−溴丁烷时，反应瓶中为什么要加少量的水？水加多好不好？为什么？

17.加料时，为什么加了水和浓硫酸后应冷却至室温，再加正丁醇和溴化钠？能否先使溴化钠与浓硫酸混合，然后加正丁醇和水？为什么？

18.用正丁醇和氢溴酸制备 1−溴丁烷，可能发生哪些副反应？蒸馏出的粗产物中可能含有哪些杂质？

19.用浓硫酸洗涤产品能除去哪些杂质？除杂质的依据是什么？

20.不用浓硫酸洗涤粗产物，对反应产品的质量有何影响？为什么？

21.蒸馏粗产物时，应如何判断溴丁烷是否蒸完？

22.蒸馏粗产品后,残留物为什么要趁热倒出反应瓶?

23.在本实验操作中,如何减少副反应的发生?

24.为什么在蒸馏前一定要滤除干燥剂 $CaCl_2$? 产品 1-溴丁烷的气相色谱分析表明有少量的 2-溴丁烷,它是如何生成的?

3.3 环己烯的制备

实验目标

1.通过由环己醇制环己烯的实验,加深对单分子消去反应 E_1 反应的理解。

2.进一步掌握分馏技术。

3.熟练掌握蒸馏、液态有机物的洗涤与干燥、分液漏斗的使用等技术。

4.进一步了解烯烃的重要性质及其鉴定。

5.学习、掌握由环己醇制备环己稀的原理及方法。

6.了解分馏的原理及实验操作。

实验重点

1.圆底烧瓶、分馏柱要干燥。取环己醇时要足量,环己醇黏度较大,计量后可采用滴管吸出,减少量筒壁的附着损失。也可计量后放在水浴中加热减小黏度。

2.加入硫酸时要控制好,边加边摇,可放在冷水浴中操作,防止放热炭化。加完硫酸后要充分摇匀,减小加热时的局部炭化。

3.该实验是利用分馏装置边反应边蒸出的办法,会形成共沸物,所以分馏时馏出液的速度控制很重要。

1. 装置规范合理。

2. 分馏速度控制在每秒 1~2 滴。

3. 收集粗产品停止蒸馏的条件判断是有白色的酸雾在圆底烧瓶中产生。

4. 分液漏斗的正确使用。

5. 洗涤时的振摇、放气，分层时水表面层有产品的处理。

6. 干燥剂的使用量控制。

7. 精制蒸馏时收集产品的温度判断。

8. 精制时蒸馏整套仪器的干净、干燥。

9. 冰浴的使用。

3.3.1　实验原理

由环己醇在酸性催化剂（如硫酸或磷酸）作用下，发生 1,2-消去反应（脱水）来制备环己烯，反应历程为 E_1。由于主反应为可逆反应，本实验采用的措施是：边反应边蒸出反应生成的环己烯和水形成的二元共沸物（沸点 70.8℃，含水 10%）。但是原料环己醇也能和水形成二元共沸物（沸点 97.8℃，含水 80%），为了使产物以共沸物的形式蒸出反应体系，而又不夹带原料环己醇，本实验采用分馏装置，并控制柱顶温度不超过 73℃。

醇的脱水可以使用氧化铝在 350~500℃ 的温度下进行催化脱水，也可以使用硫酸、磷酸、无水氯化锌等脱水剂脱水。该反应可逆，为使这一反应有利于产物生成，可以使环己烯一生成即从反应混合物中连续蒸出。由于环己烯易挥发，为了防止外逸，需要将接收瓶置于冰水中。本实验用环己醇在浓硫酸（或磷酸）作脱水剂情况下脱去一分子水生成环己烯。

$$C_6H_{11}OH \xrightleftharpoons[\Delta]{H^+} C_6H_{10} + H_2O$$

伯醇、仲醇、叔醇脱水反应的难易程度明显不同,其速率是:叔醇 > 仲醇 > 伯醇。

一般认为,该反应历程为 E_1 历程,整个反应是可逆的:酸使醇羟基质子化,使其易于离去而生成正碳离子,后者失去一个质子,就生成烯烃。

$$C_6H_{11}OH \underset{}{\overset{H^+}{\rightleftharpoons}} C_6H_{11}\overset{+}{O}H_2 \underset{}{\overset{-H_2O}{\rightleftharpoons}} C_6H_{11}^+ \rightleftharpoons C_6H_{10}\ (H_2SO_4)$$

可能的副反应:

$$2\,C_6H_{11}OH \xrightarrow[\triangle]{H^+} C_6H_{11}-O-C_6H_{11} + H_2O$$

1.分馏技术

分馏技术是有机合成、生产中常用的液态物质分离、提纯的技术之一,它又叫精馏或分级蒸馏。分馏是通过分馏装置(或设备)使沸点相差较小的液体混合物,通过多次部分汽化-冷凝的热交换以达到将其中不同组分分离提纯的目的。分馏技术的关键仪器(设备)是分馏柱(精馏塔)。

2.分馏柱的原理

将欲分离提纯的液态混合物在装置中加热并让蒸气进入分馏柱。由于蒸气被室外空气冷却而发生冷凝,冷凝液经分馏柱内壁流下。当流下的冷凝液与上升的蒸气相互接触时发生了热交换。上升的蒸气部分被冷凝,所放出的热量使流下的冷凝液又部分汽化。由于高沸点的组分易被冷凝,而低沸点的组分则易被汽化,所以经过热交换后,上升蒸气中低沸点的组分增加,而流下的冷凝液中高沸点的组分增加。如此不断反复进行热交换,低沸点组分因不断汽化逐渐上升至分馏柱顶部而先被蒸馏出来,而烧瓶里高沸点组分的比例不断提高。于是,不同沸点的物质便得以分离、纯化。

3.3.2 实验仪器及药品

仪器:圆底烧瓶、分馏柱、直形冷凝管、分液漏斗、锥形瓶。

药品:环己醇 15.6mL、浓硫酸 1mL、氯化钠、无水氯化钙、5%碳酸钠溶液。

表 3-4　物理常数

化合物	分子量	性状	密度(d_{20}^{4})	沸点(℃)	水中的溶解度
环己醇	100	黏稠液体	0.9624	160.8	3.52(微溶于水)
浓硫酸	98	液体	1.84	338	易溶于水
环己烯	82	刺激性气味液体	0.81	83	不溶于水

3.3.3　实验装置图

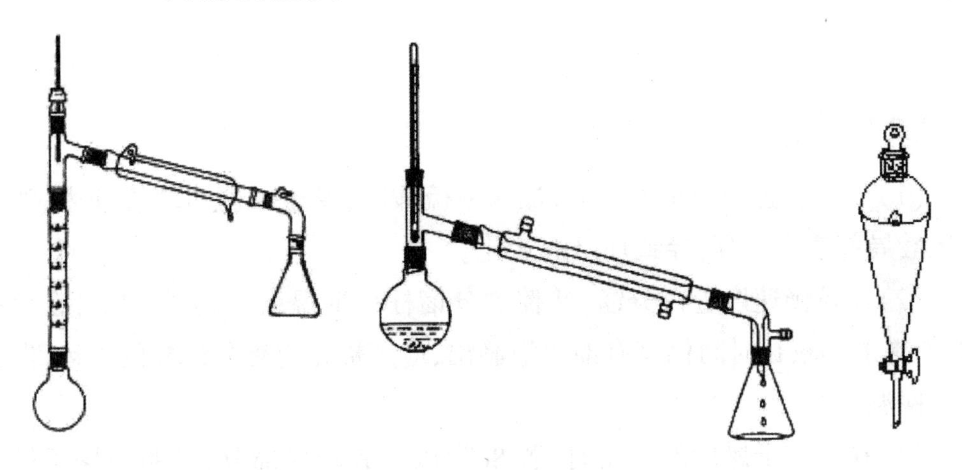

图 3-3　环己烯实验装置图

3.3.4　实验操作步骤

1.环己烯粗产品的制备

量取 15.6mL(或称重 15.1g，d=0.9624)环己醇倒入干燥的 50mL 圆底烧瓶中，加入 1mL 浓硫酸(放入冰浴，慢加)和沸石，摇匀。安装好分馏装置，接收瓶放入碎冰中，空气浴缓慢加热，馏出液速度控制在每 1~2 秒 1 滴，分馏柱上端出现白雾时，停止加热。由于环己醇可与产物环己烯形成共沸物(含环己醇 30.5%，沸点 64.9℃)且环己烯可与水形成共沸物(含水 10%，沸点 70.8℃)，环己醇与水形成共沸物(含水 80%，沸点 97.8℃)，因此分馏柱顶部的温度控制不超过 90℃，至无馏出液滴出为止。稍冷后拆分馏装置。

2.粗产品的洗涤与干燥

将馏出液(粗产品)移至分液漏斗，加入氯化钠使水饱和，减少产品的溶

解。然后加 2~3mL 5%碳酸钠溶液中和微量的酸至无气泡,将液体转入分液漏斗中,充分振荡后静置,分层后弃去水层,上层即为粗产品,由上口倒至干燥小锥形瓶中,加入 1~2g 无水氯化钙作为干燥剂。

3.环己烯产品的精制

待溶液变澄清透明(约 0.5h,不时摇荡)后,将产品移至干燥的圆底烧瓶中,装好蒸馏装置(装置要求事先干燥),用热水浴蒸馏。收集 81~85℃的馏分(产品应澄清透明)。

4.用折光仪测折光率检测纯度

注意事项

(1)分馏装置必须是干燥的,加入浓硫酸时,要边振荡边缓慢加入,避免浓硫酸局部浓度过高,导致环己醇炭化。

(2)以较慢速度进行分馏,并控制分馏柱顶部温度不超过 73℃,在分馏时,如果加热较长时间仍没有馏出液滴出,应用棉花包裹分馏柱的主体部分,用以保温。

(3)在蒸馏干燥后的产品时,若 80℃以下有较多馏分,说明干燥不够完全,应重新干燥后再进行蒸馏。

环已烯的物理性质:d_4^{20}0.8102;n_D^{20}1.4465。

纯环已烯为无色透明液体,沸点 83℃。

(4)反应粗产物可能带有酸(H^+),需要洗涤。环已烯、环已醇在水中有一定的溶解度,为减少水中溶解的有机物,使用 NaCl 饱和溶液洗涤粗产物,NaCl 溶液洗涤另一好处是易分层,不易产生乳化现象。粗产物量大可用分液漏斗洗涤,量小可用半微量洗涤操作法——锥形瓶滴管分离方法(盐析效应)。

(5)大多数有机物与水形成共沸物。环已烯与水共沸点 70.8℃,含水 10%,分离前必须干燥,否则蒸馏分离时前馏分增多,环已烯馏分减少。一般有机物蒸馏前都要干燥操作。

(6)干燥后的环已烯粗产物中有环已醇,环已烯 b.p.83.3℃,环已醇 b.p.161℃,沸点差大,有机物蒸馏时易产生碳化、聚合等反应。因此选择水浴加

热、蒸馏方法分离粗产物，收集 82～85℃馏分。

思考题

1.为什么本实验中，分馏的温度不可以过高，馏出速度不可过快？用氯化钠饱和的目的是什么？

2.本实验中，在精制产品时，如果 80℃以下有较多前馏分产生，可能的原因是什么？

3.如果你的实验产率太低，试分析主要在哪些操作步骤中造成损失。

4.用 85%磷酸催化工业环己醇脱水合成环己烯的实验中，将磷酸加入环己醇中，立即变成红色，试分析原因何在？如何判断你分析的原因是正确的？

5.用磷酸做脱水剂比用浓硫酸做脱水剂有什么优点？

6.在粗产品环己烯中加入饱和食盐水的目的是什么？

7.用简单的化学方法来证明最后得到的产品是环己烯。

8.醇类的酸催化脱水的反应机制是什么？

9.在后期反应中出现的阵阵白雾是什么？

10.粗产物环己烯中加入食盐使水层饱和的目的何在？

11.写出无水氯化钙吸水后的化学反应方程式，为什么蒸馏前一定要将它过滤？

12.在纯化环己烯时，用等体积的饱和食盐水洗涤，而不用水洗涤，目的何在？

13.本实验提高产率的措施是什么？

14.实验中，为什么要控制柱顶温度不超过 85℃？

15.本实验用磷酸作催化剂比用硫酸作催化剂好在哪里？

16.蒸馏时，加入沸石的目的是什么？

17.使用分液漏斗有哪些注意事项？

18.用无水氯化钙干燥有哪些注意事项？

19.查药品物理常数的途径有哪些？

3.4 环己酮的制备

实验目标

1.学习由醇氧化法制备酮的实验室方法和原理。

2.进一步熟练掌握水蒸气蒸馏和分液漏斗的使用方法。

3.进一步熟悉沸点和折光率的测定。

实验重点

1.铬酸氧化醇是一个放热反应，实验中必须严格控制反应温度以防反应过于剧烈。温度过低反应困难，过高则副反应增多。环己醇与重铬酸钾混合时要控制温度，防止反应放热引起温度过高。

2.保温过程要控制在55~60℃。过高氧化成酸，过低不利于反应。

3.水蒸气蒸馏时要完全。

4.收集产品时，收集温度相对稳定的5℃范围的产品。

5.分批加入铬酸试剂时注意观察颜色变化。

6.蒸馏粗产品时，馏出物不要收集过多，否则造成损失，因环己酮在水中的溶解度较大，为2.4g/100mL(31℃)。

实验难点

1.振摇时不要一直在冷水浴中，应保持在55~60℃，控制温度不超过60℃即可。

2.甲醇是为了除去过量的重铬酸钠，防止在后面蒸馏时，环己酮将进一步氧化，开环成己二酸。

3.判断全部蒸出的方法：第一，馏出液澄清；第二，将馏分与水混溶，若无油珠则说明蒸馏完毕。

4.将馏出液用2g精盐饱和。分液漏斗分出有机层后，分别用6mL乙醚萃取水层两次，合并有机层和萃取液，然后加入0.5~1g无水$MgSO_4$干燥至澄清。

5.空气冷凝管的使用。

6.温度计未经校准和检定，控温与温度计读数有偏差。

实验过程

3.4.1 实验原理

一级醇和二级醇的羟基所连接的碳原子上有氢，可以被氧化成醛、酮或羧酸。三级醇由于醇羟基相连的碳原子上没有氢，不易被氧化，在剧烈的条件下，碳碳键氧化断裂，形成含碳较少的产物。用高锰酸钾作氧化剂，在冷、稀、中性的高锰酸钾水溶液中，一级醇、二级醇不被氧化，但在比较强烈的条件下（如加热）可被氧化，一级醇生成羧酸钾盐，溶于水，并有二氧化锰沉淀析出。二级醇氧化为酮，但易进一步氧化，使碳碳键断裂，故很少用于合成酮。由二级醇制备酮，最常用的氧化剂为重铬酸钠与浓硫酸的混合液，或三氧化铬的冰醋酸溶液等，酮在此条件下比较稳定，产率也较高，因此是比较有用的方法。

$$3\ \text{(环己醇)} + Na_2Cr_2O_7 + 5H_2SO_4 \longrightarrow 3\ \text{(环己酮)} + Cr_2(SO_4)_3 + 2NaHSO_4 + H_2O$$

反应式：

$$Na_2Cr_2O_7 + 2H_2SO_4 = 2NaHSO_4 + H_2Cr_2O_7$$

$$H_2Cr_2O_7 + H_2O = 2H_2CrO_4$$

$$3RCH_2OH + 2H_2CrO_4 + 3H_2SO_4 = 3RCH{=}O + Cr_2(SO_4)_3 + 8H_2O$$

$$\text{(环己醇)} \xrightarrow[H_2SO_4]{Na_2Cr_2O_7} \text{(环己酮)}$$

3.4.2 实验仪器及药品

仪器：250mL圆底烧瓶、400mL烧杯、温度计、蒸馏装置、分液漏斗。

药品：浓硫酸 9mL、环己醇 10.5mL、重铬酸钠 10.5g、氯化钠、无水硫酸镁。

表 3-5　物理常数

名称	分子量	状态	密度	熔点(℃)	沸点(℃)	折光率	溶解性(g/100mL 溶剂)		
							水	乙醇	乙醚
环己醇 $C_6H_{12}O$	100.16	液体	0.9624	25.93	159.6	1.4610	1/30	∞	∞
环己酮 $C_6H_{10}O$	98.14	液体	0.9478	-47	155.6	1.4507	微溶	∞	∞

3.4.3　实验装置图

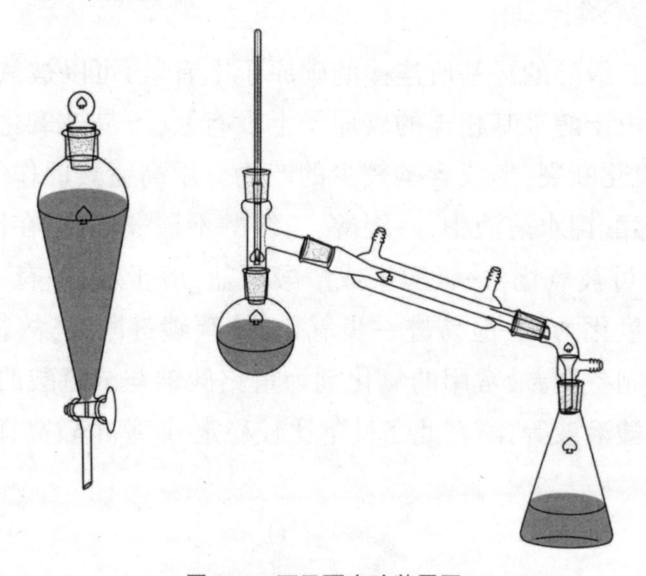

图 3-4　环己酮实验装置图

3.4.4　实验操作步骤

在 400mL 烧杯内，放置 60mL 冰水，加入 10.5g 重铬酸钠，在搅拌下慢慢加入 9mL 浓硫酸，充分混匀。另在 250mL 圆底烧瓶中加入 10.5mL 环己醇（0.1mo1）。将配好的重铬酸钾溶液一次加入环己醇中，在混合液内插入一支温度计，用冷水控制反应温度在 55~60 ℃，时间为 0.5h。继续搅拌 0.5h，充分振摇。整个过程可观察到反应温度上升和反应液由橙红色变为墨绿色，表明氧化反应已经发生。再向圆底烧瓶中加水 60mL，再加几粒沸石。改装成蒸馏装置（实际上是一种简化的水蒸气蒸馏装置），将环己酮与水一起蒸馏出来，环己酮与水能形成沸点为 95℃的共沸混合物。直至馏出液不再混浊后再多蒸约 10mL(共收集馏液 40~50mL),用食盐(需 12g)饱和馏液后移入分液漏斗中,静置后分出有机层。水层用 15mL 乙醚萃取,合并有机层,用无水硫酸镁干燥,水浴蒸馏,先除去乙醚,然后改成空气浴收集标准大气压下 151~155℃馏分。称重,计算产率(产量为 6~7g,产率为 62%~68%)。

环已酮是重要化工原料,是制造尼龙、己内酰胺和已二酸的中间体;是重要的工业溶剂,用于有机磷杀虫剂及许多类似物等农药的优良溶剂。

纯粹环已酮的沸点为 155.6℃,折光率为 n_D^t= 1.4507,d=0.9478。

注意事项

(1)控制反应温度在 55℃~60℃,温度偏低不利于氧化,温度过高则部分被氧化成酸。

(2)加入重铬酸钠溶液后要充分摇动,同时注意温度的升高,当达到 60℃时要放入冷水中控制温度。当反应温度降低到 55℃时要拿离冷水,让温度保持稳定。

(3)反应易进行,且是放热反应,在混合环已醇和重铬酸钠溶液前要放入温度计,利于及时观察和控制温度。随反应的进行,溶液颜色由橙红的重铬酸钠变成墨绿色的低价铬盐。

(4)水的馏出量不宜过多,否则即使使用盐析,仍不可避免有少量环已酮溶于水中而损失掉(环已酮在水中的溶解度在 31℃时为 2.4g)。

(5)反应完全后反应液呈墨绿色,如果反应液不能完全变成墨绿色,则应加入少量草酸或甲醇以还原过量的氧化剂。

(6)用简易水蒸气蒸馏完毕后,再用食盐进行盐析,尽量提高环已酮的产率。在用分液漏斗分层时,注意盐不得带入,否则会引起堵塞。

(7)由于乙醚易燃易挥发,所以实验中严禁出现明火。

思考题

1.本实验为什么要严格控制反应温度在 55~60℃?温度过高或过低有什么不好?

2.用高锰酸钾的水溶液氧化环已酮,应得到什么产物?

3.如欲将乙醇氧化成乙醛,应采用哪些措施以防止乙醛进一步被氧化成乙酸?

4.盐析的作用是什么?

5.能否用铬酸氧化法把2-丁醇和2-甲基-2-丙醇区别开来?说明原因,并写出有关反应式。

6.制备环己酮时,在加重铬酸钾(钠)溶液过程中,为什么要待反应物的橙红色完全消失后,方能加入下一批重铬酸钾(钠)?

3.5 己二酸的制备

实验目标

1.学习用环己醇氧化制备己二酸的原理和方法。

2.学习带有电磁搅拌装置的操作技术。

3.进一步掌握重结晶、减压过滤等操作。

实验重点

1.高锰酸钾要溶解完全。

2.预热到45℃再滴加环己醇。

3.控制反应温度。

4.检测高锰酸钾是否有残留。

实验难点

1.反应温度的控制。

2.我们使用温度计未经校准检定,部分温度计误差较大。

3.热抽滤及洗涤的正确操作方法。

4.脱色时活性炭的使用。

实验过程

3.5.1　实验原理

$$\underset{\text{(OH)}}{\bigcirc}\ \xrightarrow[\text{KNnO}_4]{[\text{O}]}\ \underset{\text{(O)}}{\bigcirc}\ \xrightarrow[\text{KNnO}_4]{[\text{O}]}\text{HOOCCH}_2\text{CH}_2\text{CH}_2\text{CH}_2\text{COOH}$$

氧化剂可用浓硝酸、碱性高锰酸钾或酸性高锰酸钾。本实验采用碱性高锰酸钾作氧化剂。环己酮是对称酮,在碱作用下只能得到一种烯醇负离子,氧化生成单一化合物,若为不对称酮,就会产生两种烯醇负离子,每一种烯醇负离子氧化得到的产物不同,合成意义不大。

3.5.2　实验仪器及药品

仪器:圆底烧瓶、250mL 锥形瓶、抽滤瓶、布式漏斗、滤纸。

药品:环己醇 2. 1mL(0. 02mol)、高锰酸钾(6g,0. 038mol)、亚硫酸氢钠、浓盐酸、活性炭、10%氢氧化钠溶液 250mL。

表 3-6　物理常数

名　称	分子量	性状	比重(d)	熔点(℃)	沸点(℃)	折光率(n)	溶解度		
							水	乙醇	乙醚
环己醇	100. 16	液体或晶体	0. 9624	25. 2	161	1. 461	3.5^{20}	可溶	可溶
己二酸	146. 14	单斜晶棱柱体	1. 360	151-153	337.5	-	100^{100}	易溶	0.6^{15}

3.5.3　实验装置图

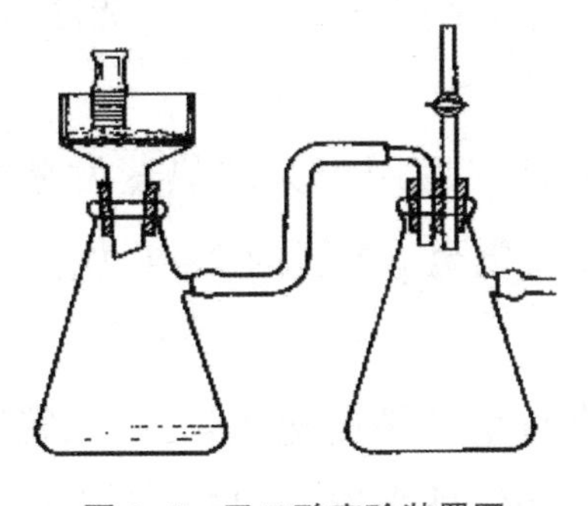

图 3-5　己二酸实验装置图

3.5.4 固体有机化合物的干燥

固体或重结晶得到的晶体有机化合物常带有一定量的水分或有机溶剂，应根据这些固体物质的特性选择适当的方法进行干燥。

(1)空气晾干:适用于热稳定性较差且在空气中不吸潮的固体有机化合物的干燥,将待干燥的固体放在表面皿中,在室温下放置直至干燥为止。

(2)干燥箱干燥:一些已知的对热稳定、熔点较高且受热时无明显升华现象的物质可放在干燥箱中烘干。加热的温度应低于该物质的熔点(一般应低于10℃以上)。

(3)红外线干燥:固体样品中含有不易挥发的溶剂时,为了加速干燥,常用红外线穿透能力强的特点,使溶剂从固体内部蒸发出来进行快速干燥。

(4)干燥器干燥:对于容易吸湿或在较高的温度下干燥时发生分解或变色的固体物质,可置于干燥器中进行干燥。

3.5.5 实验操作步骤

(1)安装反应装置,在三角烧瓶中加入6g高锰酸钾和5mL10%氢氧化钠溶液,50mL水;搅拌使之溶解。

(2)在继续搅拌下用滴管滴加2.1mL环己醇,反应发生后放入冷水浴中,边搅拌边快速滴加,维持反应温度43~47℃,滴加完毕后若温度下降,可在沸水浴中继续加热,直到高锰酸钾溶液颜色褪去。在沸水浴中将混合物加热几分钟使二氧化锰凝聚;在滤纸上点一点观看是否有紫色环,如果有,则加少量亚硫酸氢钠,无紫色环则可继续下步。

(3)趁热抽滤,滤渣二氧化锰用少量热水洗涤3次,每次尽量挤压掉滤渣中的水分。

(4)滤液加入适量活性炭后用小火加热蒸发使溶液浓缩至原来体积的一半,冷却后再用浓盐酸酸化至pH值为2~4为止。冷却析出结晶,抽滤后得粗产品。

(5)将粗产物用水进行重结晶提纯,然后在烘箱中烘干。

(6)测量产品的熔点和红外光谱,并与标准光谱比较。

注意事项

(1)制备羧酸采取的都是比较强烈的氧化条件,一般都是放热反应,应严格控制反应温度,否则不但影响产率,有时还会发生爆炸事故。此反应属强烈放热反应,要控制好滴加速度和搅拌速度,以免反应过剧,引起飞溅或爆炸。同时,不要在烧杯上口观察反应情况。反应温度不可过高,否则反应就难于控制,易引起混合物冲出反应器。

(2)环己醇常温下为黏稠液体,可加入适量水搅拌,便于用滴管滴加。

(3)二氧化锰胶体受热后产生胶凝作用而沉淀下来,便于过滤分离。

改　进

先把高锰酸钾的碱性溶液加热到约 40℃,然后放入冷水浴中(常温水),在电磁搅拌机上边搅拌边快速滴加环己醇,维持反应温度,滴加完后当温度开始下降,就撤去水浴继续在电磁搅拌机上搅拌至高锰酸钾反应完全,然后过滤。注意要控制高锰酸钾反应完全,最好再加热到沸腾然后过滤,不然可能有 4 价锰离子。

思考题

1.为什么本实验在加入环己醇之前应预先加热反应液?实验开始时加料速度较慢,待反应开始后反而可适当加快加料速度?

2.反应完后如果反应混合物呈淡紫红色,为什么要加入亚硫酸氢钠?

3.本实验得到的溶液为什么要用盐酸酸化?除用盐酸酸化外,是否还可用其他酸酸化?为什么?

3.6 乙醚的制备

实验目标

1.掌握实验室制备乙醚的原理和方法。

2.掌握低沸点易燃液体蒸馏的操作要点。

3.掌握边加料边蒸出产品的操作方法和技巧。

实验重点

1.乙醇的滴加速度。

2.温度的控制。

3.洗涤要迅速,否则乙醚挥发。

4.精制时蒸馏的水浴控制。

实验难点

1.反应温度的控制:因滴加乙醇,所以温度会忽高忽低。

2.使用的温度计未经校准检定,部分温度计误差较大。

3.洗涤时乙醚易挥发。

4.精制蒸馏时水浴要最后加入热水。

实验过程

3.6.1 实验原理

乙醚为无色透明液体,有特殊刺激气味,带甜味,极易挥发。在空气的作用下能氧化成过氧化物、醛和乙酸,暴露光线下能促进其氧化。当乙醚中含有过氧化物时,在蒸发后所分离残留的过氧化物加热到100℃以上时能引起强烈爆炸,这些过氧化物可加5%硫酸亚铁水溶液振摇除去。乙醚与无水硝酸、浓硫酸和浓硝酸的混合物反应也会发生猛烈爆炸。乙醚溶于低碳醇、苯、氯仿、石油醚和油类,微溶于水。易燃、低毒。

乙醚物理性质:

(1)液体密度(20℃):713.5kg/m^3

(2)蒸气密度:2.56kg/m^3

(3)比热容(35℃,101.325kPa)

(4)蒸气压(20℃):58.93kPa

(5)导热系数(0℃):1298.3×10^5W/(m·K)

(6)燃点:160℃

(7)燃烧热(25℃):2752.9kJ/mol

(8)最大爆炸压力:902.2kPa

(9)产生最大爆炸压力的浓度:4.1%

(10)溶解度(20℃):6.89%

主反应:

$$2CH_3CH_2OH \underset{H_2SO_4}{\overset{140℃}{\rightleftharpoons}} CH_3CH_2OCH_2CH_3+H_2O$$

$$CH_3CH_2-OH+HO-SO_2OH \xrightarrow{100\sim130℃} CH_3CH_2-O-SO_2OH+H_2O$$

$$CH_3CH_2-O-SO_2OH+HO-CH_2CH_3 \overset{135\sim145℃}{\rightleftharpoons} CH_3CH_2OCH_2CH_3+H_2SO_4$$

副反应:

$$C_2H_5OH \xrightarrow{H_2SO_4} \begin{cases} \xrightarrow{170℃} CH_2{=}CH_2+H_2O \\ \xrightarrow{[O]} CH_3CHO+SO_2\uparrow+H_2O \end{cases}$$

$$CH_3CHO \xrightarrow{H_2SO_4} CH_3COOH+SO_2\uparrow+H_2O$$

$$SO_2+H_2O \longrightarrow H_2SO_3$$

3.6.2　实验仪器及药品

仪器:加热套、250mL 三颈瓶、蒸馏头、直形冷凝管、真空尾接管、锥形瓶、真空塞、150mL 滴液漏斗、温度计(200℃、100℃)、250mL 烧杯(2 个)、量筒(10mL、25mL)、125mL 分液漏斗、30mL 锥形瓶。

药品:无水乙醇 38mL、浓硫酸 12.5mL、5%氢氧化钠溶液、饱和氯化钠溶液、饱和氯化钙溶液、无水氯化钙固体。

表 3-7 物理常数

名称	分子量	性状	折光率 (n_D^t)	密度	熔点 (℃)	沸点 (℃)	溶解度(g/100mL 溶剂)		
							水	醇	醚
浓 H_2SO_4	98.08	无色液体		1.84	10.35	340	混溶		
乙醚	74.12	无色透明液体	1.3526	0.7097	-89.12	34.5	能溶	混溶	混溶
乙醇	46.07	无色透明液体	1.36	0.780	-114.5	78.4	∞	∞	∞

3.6.3 实验装置图

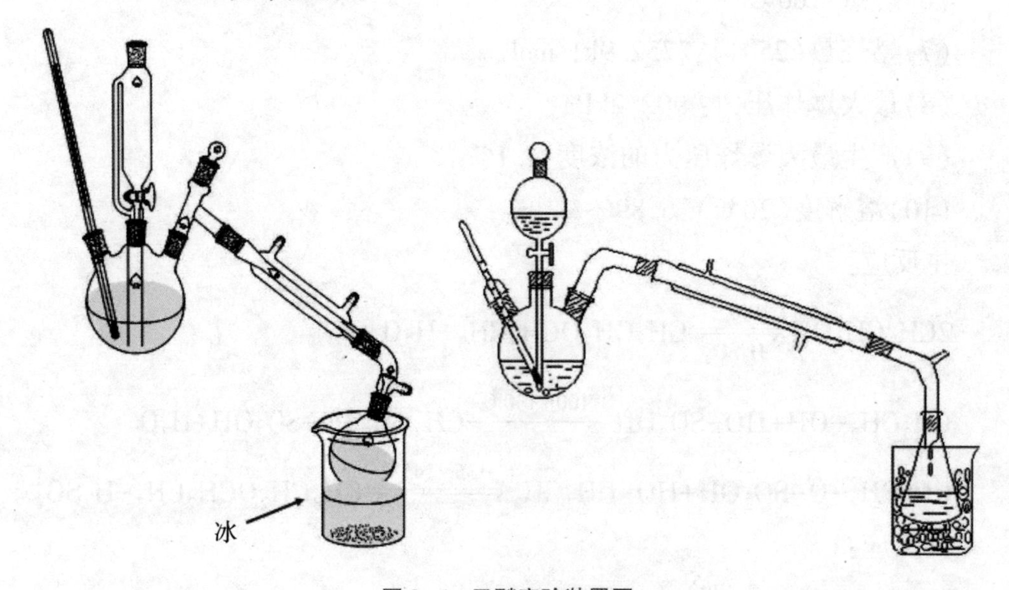

图 3-6 乙醚实验装置图

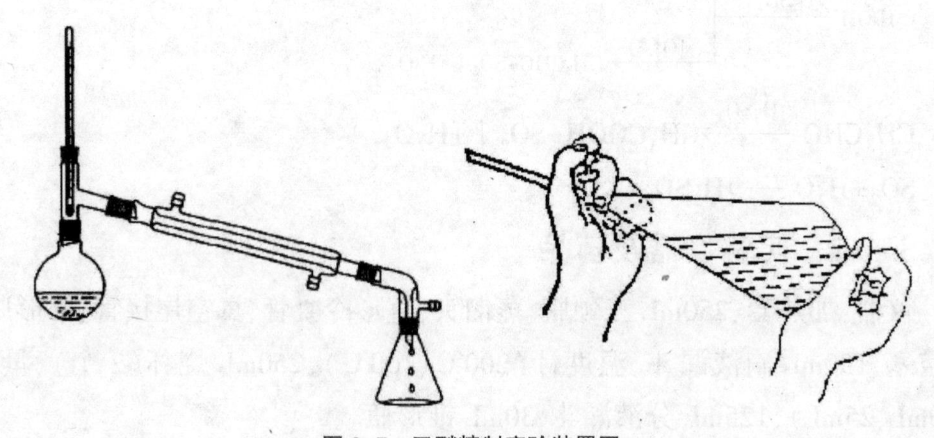

图 3-7 乙醚精制实验装置图

3.6.4　实验操作步骤

1.合成

在 50mL 干燥的三颈瓶中加入 13mL 无水乙醇,将烧瓶浸入冰水浴中冷却,缓慢加入 12.5mL 浓硫酸混匀,加入沸石。滴液漏斗内盛有 25mL 无水乙醇,漏斗脚末端与温度计的水银球必须浸入液面以下距瓶底 0.5~1cm,接收器浸入冰水中冷却,尾接管的支管接橡皮管通入下水道。将加热套事先预加热至 140℃左右后,使反应瓶温度比较迅速上升到 140℃,开始由滴液漏斗慢慢滴加乙醇,控制滴加速度与馏出液速度大致相等(1 滴/s),维持反应温度在 135~145℃,约 0.5h 滴加完毕,再继续加热,直到温度上升到 160℃,去掉热源停止反应。

2.精制

用 8mL 5% NaOH 溶液,8mL 饱和 NaCl 溶液, 8mL×2 饱和 $CaCl_2$ 溶液洗涤。无水氯化钙干燥 0.5h,在水浴中蒸馏(50mL 圆底烧瓶),收集沸点在 33~38℃的馏分。

注意事项

(1)在反应装置中,滴液漏斗末端和温度计水银球必须浸入液面以下,接收瓶必须浸入冰水浴中,尾接管支管接橡皮管通入下水道或室外。

(2)控制好滴加乙醇的速度(1 滴/s)和反应温度(135~145℃)。

(3)乙醚是低沸点易燃的液体,仪器装置连接处必须严密。在洗涤过程中必须远离火源。

(4)分批加浓硫酸,边加边摇边冷却,防止乙醇氧化。

(5)装置要严密,反应完后要先停火,稍冷却后再拆下接收瓶,防止产物挥发。

(6)洗涤时注意顺序,室内无明火。

(7)分净水后用无水氯化钙干燥 20~30min。

(8)不得将氯化钙带入烧瓶中蒸馏,水浴蒸馏,不得有明火。

(9)产品验收体积和沸点。

危险性概述

该品的主要作用为全身麻醉。急性大量接触,早期出现兴奋,继而嗜睡、呕吐、面色苍白、脉缓、体温下降和呼吸不规则,而有生命危险。急性接触后会头痛、易激动或抑郁、流涎、呕吐、食欲下降和多汗等。液体或高浓度蒸气对眼有刺激性。

急救措施

皮肤接触:脱去污染的衣着,用大量流动清水冲洗。

眼睛接触:提起眼睑,用流动清水或生理盐水冲洗,就医。

吸入:迅速脱离现场至空气新鲜处,保持呼吸道通畅。如呼吸困难,则输氧;如呼吸停止,则立即进行人工呼吸,尽早就医。

食入:饮足量温水,催吐,就医。

思考题

1.制备乙醚时为什么将滴液漏斗的末端浸入反应液中?如果不浸没反应液中将会导致什么后果?

2.本实验中如何把混在粗制乙醚里的杂质一一除去?

3.反应温度过高或过低对反应有什么影响?

4.蒸馏和使用乙醚时应注意哪些事项?为什么?

3.7 肉桂酸的制备

实验目标

1.掌握 Perkin 反应(也称普尔金反应)的反应原理;理解肉桂酸的制备原理和方法。

2.掌握简单的无水操作。

3.掌握和巩固回流、洗涤、水蒸气蒸馏、熔点测定和重结晶等基本操作。

1.回流反应时原料及仪器必须干燥无水;实验仪器要事先放入干燥箱内干燥,苯甲醛、醋酐要重新蒸馏后再使用。冷凝管的上方要加干燥管,干燥进入体系的空气;无水碳酸钾要放入蒸发皿中加热除水后立即使用。

2.控制回流速度,不宜太快;回流时间不宜太长。

3.加入10%氢氧化钠溶液之前要尽量捣碎生成的固体,目的是使所有没有反应的苯甲醛全部被蒸出。

4.加入10%氢氧化钠溶液要保证所有的肉桂酸全部溶解。

提前蒸馏好苯甲醛和乙酸酐,试剂瓶应密闭防止氧化和水解,快速取试剂。

3.7.1 实验原理

肉桂酸是生产冠心病药物"心可安"的重要中间体。其酯类衍生物是配制香精和食品香料的重要原料。它在农用塑料和感光树脂等精细化工产品的生产中也有着广泛的应用。

1.主要反应物和产物的性质

苯甲醛:分子式 C_7H_6O,相对蒸气密度3.66(空气=1),饱和蒸气压0.13 kPa(26℃),折射率1.5455,闪点64℃,引燃温度192℃。苯甲醛是最简单的,同时也是工业上最常使用的芳醛,在室温下其为无色液体,具有特殊的杏仁气味。

乙酸酐:分子式 $C_4H_6O_3$,无色透明液体,有强烈的乙酸气味,相对蒸气密度3.52(空气=1),饱和蒸气压1.33 kPa(36℃),闪点49℃,引燃温度316℃,相对密度1.080,折光率1.3904。低毒,半数致死量(大鼠,经口)

1780mg/kg。有腐蚀性勿接触皮肤或眼睛，以防引起损伤。有催泪性，易燃，其蒸气与空气可形成爆炸性混合物，遇明火、高热能引起燃烧爆炸。与强氧化剂接触可发生化学反应。

肉桂酸：分子式 $C_9H_8O_2$，又名β-苯丙烯酸，有顺式和反式两种异构体。通常以反式形式存在，为白色单斜晶体，微有桂皮气味。肉桂酸是香料、化妆品、医药、塑料和感光树脂等的重要原料。

2.Perkin 反应制备肉桂酸

芳香醛与具有 α-H 原子的脂肪酸酐在相应的无水脂肪酸钾盐或钠盐的催化下共热发生缩合反应，生成芳基取代的 α,β-不饱和酸，此反应称为 Perkin 反应。反应式如下：

$$C_6H_5\text{-CHO} + (CH_3CO)_2O \xrightarrow[150\sim170^\circ C]{KAc} C_6H_5\text{-CH=CHCOOH} + CH_3COOH$$

$$C_6H_{11}\text{-CHO} \xrightarrow[K_2CO_3]{(CH_3CO)_2O} C_6H_{11}\text{-CH=CHCOOH} + CH_3COOH$$

Perkin 反应的催化剂通常是相应酸酐的羧酸钾或钠盐，有时也可用碳酸钾或叔胺代替。反应时，可能是酸酐受醋酸钾（钠）的作用，生成一个酸酐的负离子，负离子和醛发生亲核加成，生成中间物 β-羟基酸酐，然后再发生失水和水解作用而得到不饱和酸。反应机制如下：

$$(CH_3CO)_2O + CH_3COOK \longrightarrow [{}^{-}CH_2-\overset{O}{\overset{\|}{C}}-O-\overset{O}{\overset{\|}{C}}-CH_3]K^{+} + CH_3COOH$$

$$C_6H_5-\overset{O}{\overset{\|}{C}}-H + {}^{-}CH_2-\overset{O}{\overset{\|}{C}}-O-\overset{O}{\overset{\|}{C}}-CH_3 \longrightarrow C_6H_5-\underset{H}{\overset{O^-}{C}}-CH_2-\overset{O}{\overset{\|}{C}}-O-\overset{O}{\overset{\|}{C}}-CH_3$$

$$\xrightarrow{CH_3COOH} C_6H_5-\underset{H}{\overset{OH}{C}}-CH_2-\overset{O}{\overset{\|}{C}}-O-\overset{O}{\overset{\|}{C}}-CH_3 \xrightarrow{-H_2O} C_6H_5-HC=CH-\overset{O}{\overset{\|}{C}}-O-\overset{O}{\overset{\|}{C}}-CH_3$$

$$\xrightarrow{\text{水解}} C_6H_5-HC=CH-COOH + CH_3COOH$$

3.水蒸气蒸馏的基本原理及实验操作

当有机物与水一起共热时，根据道尔顿(Dalton)分压定律，整个系统的蒸气压应为各组分蒸气压之和，即：$P=P_{H_2O}+P_A$

其中 P 代表总的蒸气压，P_{H_2O} 为水的蒸气压，P_A 为与水不相溶物或难溶物质的蒸气压。当总蒸气压 P 与大气压相等时，则液体沸腾。这时的温度即为它们的沸点。这时的沸点必定较任一组分的沸点低，因此在常压下用水蒸气蒸馏，就能在低于100℃的情况下将高沸点组分与水一起蒸出来。例如，水与苯甲醛混合物的沸点为97.9℃。此时：

$P=760mmHg$　　$P_{H_2O}=703.5mmHg$　　$P_{苯甲醛}=65.5mmHg$

水蒸气蒸馏法的优点在于使所需要的有机物可在较低的温度下从混合物中蒸馏出来，从而避免在常压下蒸馏时所造成的损失，进而提高分离提纯的效率。同时在操作和装置方面也较减压蒸馏简便一些，所以水蒸气蒸馏可以应用于分离和提纯有机物。

水蒸气蒸馏常在下列情况下使用：

(1)混合物中含有大量的固体，通常的蒸馏、过滤、萃取等分离方法都不适用。

(2)混合物中含有焦油状物质，采用通常的蒸馏、萃取等方法非常困难。

(3)在常压下蒸馏高沸点有机物质会发生分解。

被提纯物质必须具备以下几个条件：

(1)不溶或难溶于水。

(2)在沸腾下与水不发生化学反应。

(3)在100℃左右必须具有一定的蒸气压(一般不小于10mmHg)。

4.水蒸气蒸馏的实验操作

水蒸气蒸馏装置如图2-4(见第34页)所示，即反应瓶中加入水后直接蒸馏。

3.7.2　实验仪器及药品

仪器：100mL圆底烧瓶、直型冷凝管、蒸馏头、接收瓶、尾接管、500mL烧杯。

药品:新蒸馏过的苯甲醛 3mL、醋酐 8mL、研细的无水碳酸钾 4.3g、10% NaOH 溶液 20mL、浓盐酸、刚果红试纸。

表 3-8　物理常数

名称	分子量	相对密度 (g/cm^3)	熔点 (℃)	沸点 (℃)	溶解度
苯甲醛	106.12	1.04	−26	179.62	微溶于水,约为 0.6(20℃),可混溶于乙醇、乙醚、苯、氯仿
乙酸酐	102.09	1.080	−73.1	138.6	溶于氯仿和乙醚;缓慢地溶于水,形成乙酸
肉桂酸	148.17	1.247	135	300	在热水中溶于 6mL 乙醇中,可以任意比例溶于苯、丙酮、乙醚、冰乙酸、二硫化碳等

3.7.3　实验装置图

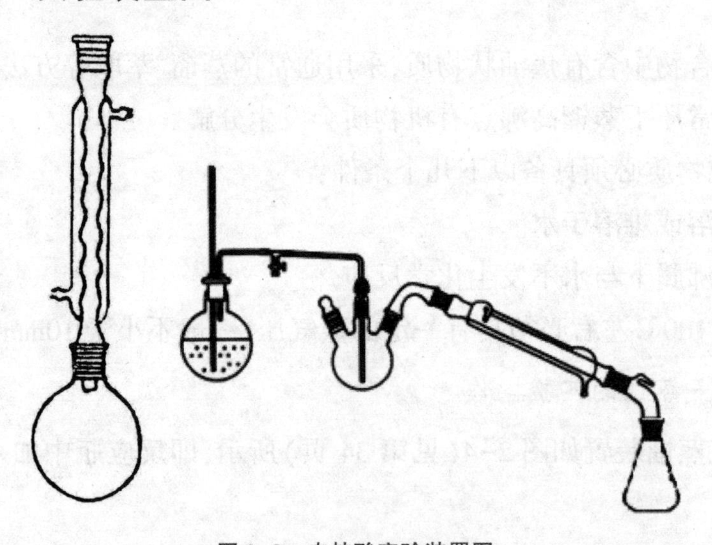

图 3-8　肉桂酸实验装置图

3.7.4　实验步骤流程图

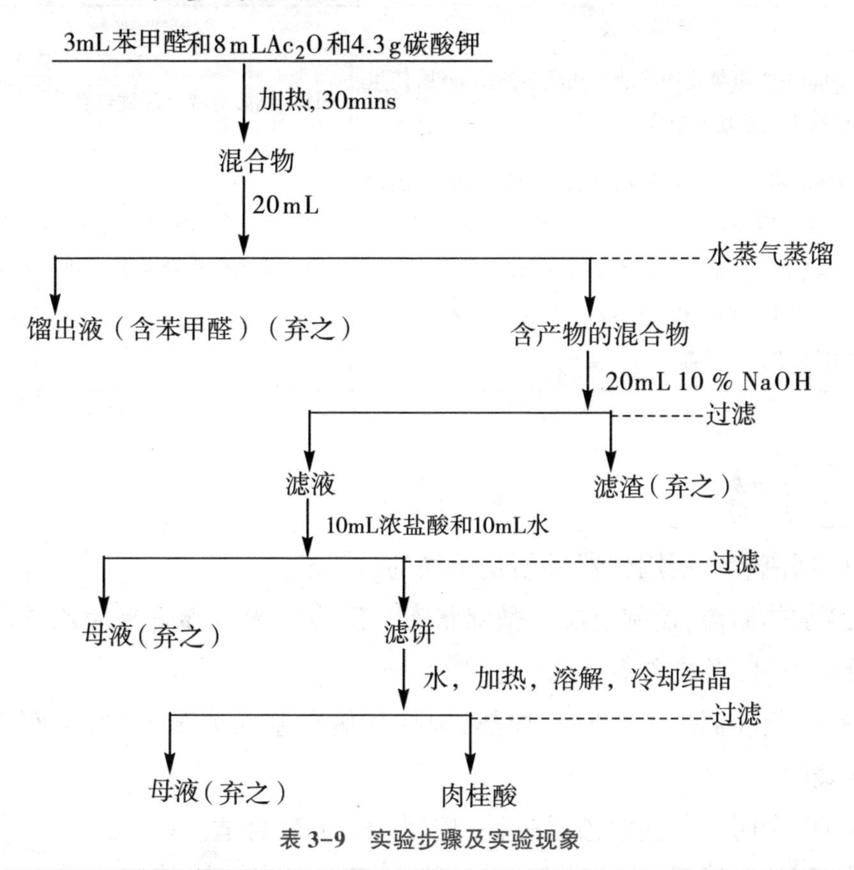

表 3-9　实验步骤及实验现象

实验步骤	实验现象
分别量取 3mL 新蒸馏过的苯甲醛和 8mL 新蒸馏过的乙酸酐于 100mL 干燥的圆底烧瓶中，摇匀，再加入 4.3g 研碎无水碳酸钾	无明显现象，白色固体不溶解
将烧瓶置于石棉网上方 1～2cm，使反应物保持微微沸腾，刚好有回流，回流 45min	刚开始加热时，液体变成乳白色且有白色气泡冒出，随着加热时间加长，溶液颜色变为橘红色，且有少量固体出现
反应结束，稍冷，趁还没有出现固体，迅速转入长颈圆底烧瓶（水蒸气蒸馏用）中，用约 30mL 热水分几次冲洗反应瓶，洗液一并转入长颈圆底烧瓶。用玻璃棒轻轻捣碎固体后进行水蒸气蒸馏，至无油状物蒸出为止	加热一段时间后，长颈烧瓶内液体剧烈翻滚，蒸出白色乳浊液。蒸馏大约 50min 后，用表面皿承接少量蒸出的液体，发现表面没有少量油状物了
将长颈圆底烧瓶中的剩余物转入一洁净的烧杯中，冷却	溶液表层、内部有凝固物

续表

实验步骤	实验现象
加入约20mL10%氢氧化钠溶液中和至溶液呈碱性,使生成的肉桂酸形成钠盐而溶解	固体溶解,溶液呈深橘红色
再加入45mL水,并加入适量活性炭,煮沸5min,趁热过滤。滤液冷却后,用30mL1:1的盐酸酸化至酸性,冷却,待晶体全部析出后抽滤,用10mL冷水分两次洗涤沉淀,抽干后。粗产品在80℃烘箱中烘干。可用3:1的水-乙醇溶液进行重结晶	滴加HCl酸化时,产生白色糊状物,经抽滤后,得到纯白色物质。烘干得到灰白色粉末状物质

注意事项

(1)回流装置所用仪器必须是干燥的。

(2)加热回流,控制反应呈微沸状态。反应液激烈沸腾易使乙酸酐蒸气从冷凝管逸出,影响产率。

(3)在反应温度下长时间加热,肉桂酸脱羧基而成苯乙烯,进而生成苯乙烯低聚物。

(4)中和时必须使溶液呈碱性,控制pH=8较合适。

(5)回流完毕后,不必冷却,且加热水,否则固体难以捣碎。

(6)久置的苯甲醛含苯甲酸,故需蒸馏提纯。苯甲酸含量较多时可用下法除去:先用10%碳酸钠溶液洗至无CO_2放出,然后用水洗涤,再用无水硫酸镁干燥,干燥时加入1%对苯二酚以防氧化,减压蒸馏,收集79℃/25mmHg或69℃/15mmHg,或62℃/10mmHg的馏分,沸程2℃,贮存时可加入0.5%的对苯二酚。

(7)无水醋酸钾需新鲜熔融。将含水醋酸钾放入蒸发皿内,加热至熔融,立即倒在金属板上,冷后研碎,置于干燥器中备用。

(8)反应混合物在加热过程中,由于CO_2的逸出,最初反应时会出现泡沫。

(9)反应混合物在150~170℃下长时间加热,发生部分脱羧而产生不饱和烃类副产物,并进而生成树脂状物,若反应温度过高(200℃),这种现象更

明显。

(10)肉桂酸有顺反异构体,通常以反式存在,为无色晶体,熔点133℃。

(11)如果产品不纯,可在水或3∶1稀乙醇中进行重结晶。

思考题

1.为什么所用仪器必须是干燥的?

2.能否用氢氧化钠代替碳酸钠来中和水溶液?为什么?

3.在实验中,如果原料苯甲醛中含有少量的苯甲酸,那么会对实验结果产生什么影响?应采取什么样的措施?

4.在水蒸气蒸馏前若不向反应混合物中加碱,蒸馏馏分中会有哪些组分?

5.本实验需要注意的地方有哪些?

6.用水蒸气蒸馏能除去什么?能不能不用水蒸气蒸馏?如何判断蒸馏终点?

7.什么情况下需要采用水蒸气蒸馏?

8.怎样正确进行水蒸气蒸馏操作?

9.苯甲醛和丙酸酐在无水的丙酸钾存在下相互作用得到什么产物?写出反应式。

10.反应中,如果使用与酸酐不同的羧酸盐,会得到两种不同的芳香丙烯酸,为什么?

3.8 乙酰水杨酸的制备

实验目标

1.掌握酰化反应原理和乙酰水杨酸的合成原理,以及实验方法。

2.熟悉固体有机化合物重结晶的方法和减压过滤等基本操作。

3.通过阿司匹林制备实验,初步熟悉有机化合物的分离、提纯等方法。

4.巩固称量、溶解、加热、结晶、洗涤、重结晶等基本操作。

实验重点

1.乙酸酐应是新蒸的,收集 139~140℃馏分。

2.盐酸溶液的配制:5mL 浓盐酸+10mL 水。

3.反应时的仪器要干燥。

4.阿司匹林水溶液+$FeCl_3$ 显紫色,是因为阿司匹林水解产生水杨酸,水杨酸含有酚羟基。

实验难点

1.乙酰水杨酸合成原理与操作条件控制的掌握和理解。

2.控制反应条件防止聚合物的生成。

3.巩固抽滤和结晶的操作。

实验过程

早在 18 世纪,人们已从柳树皮中提取了水杨酸,并注意到它可以作为止痛、退热和抗炎药,但它对肠胃刺激作用较大。19 世纪末,人们成功地合成了可以替代水杨酸的有效药物乙酰水杨酸,也称阿司匹林。直到目前,阿司匹林仍然是一个广泛使用的具有解热止痛作用治疗感冒的药物。

水杨酸是一个具酚羟基和羧基的双官能团化合物,能进行两种不同的酯

化反应，当与乙酸酐作用时，可以得到乙酰水杨酸，如与过量的甲醇反应，则生成水杨酸甲酯。它是第一个作为冬青树的香味成分被发现的，因此通称为冬青油。

水杨酸（COOH OH）即邻羟基苯甲酸，又称柳酸。柳树或杨树皮等都含有水杨酸。水杨酸为白色晶体，熔点159℃，微溶于水，能溶于乙醇和乙醚，加热可升华，并能随水蒸气一同挥发，但加热到它的熔点以上时，就失去羧基而变成苯酚。

水杨酸分子中含有羟基和羧基，因此它具有酚和羧酸的一般性质，例如容易氧化，遇三氯化铁溶液产生紫色，酚羟基可成盐、酰化，羧基也可以形成各种羧酸衍生物。

水杨酸是合成药物、染料、香料的原料。它本身就有杀菌作用，在医药上外用为防腐剂和杀菌剂，多用于治疗某些皮肤病。同时水杨酸还有解热镇痛和抗风湿作用，由于它对胃肠有刺激作用，不能内服。

水杨酸与碳酸钠作用，即生成水杨酸钠：

$$\text{COOH, OH} \xrightarrow{Na_2CO_3} \text{COONa, OH}$$

水杨酸钠的解热镇痛作用比非那西丁和氨基比林弱，同时它进入胃部后遇酸能释放出水杨酸，因此仍有刺激性，临床上一般已不作为解热镇痛药使用。但它对风湿热和风湿性关节炎的疗效相当显著，在鉴别诊断上有一定价值。水杨酸和它的钠盐遇光或催化剂，特别是在碱性溶液中很容易氧化成颜色很深的醌类化合物，所以要避光贮存。

3.8.1　实验原理

水杨酸分子中含羟基（—OH）和羧基（—COOH），具有双官能团。本实验采用硫酸为催化剂，以乙酐为乙酰化试剂，与水杨酸的酚羟基发生酰化作用形成酯。反应如下：

M＝138.12　　　　M＝102.09　　　　M＝180.15

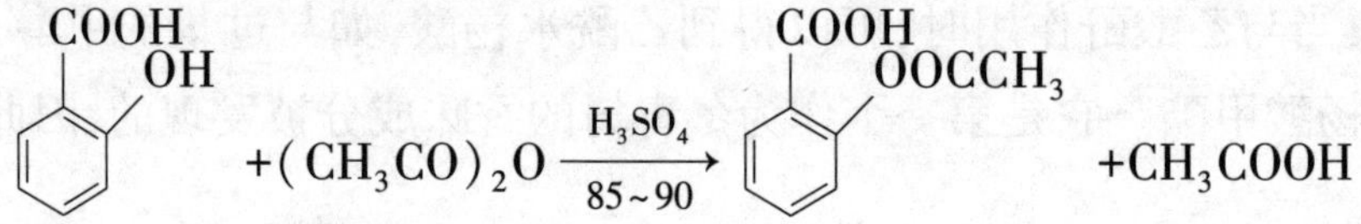

$$\text{邻羟基苯甲酸(COOH, OH)} + (CH_3CO)_2O \xrightarrow[85\sim90]{H_3SO_4} \text{邻乙酰氧基苯甲酸(COOH, OOCCH}_3\text{)} + CH_3COOH$$

引入酰基的试剂叫酰化试剂,常用的乙酰化试剂有乙酰氯、乙酐和冰乙酸。本实验选用经济合理且反应较快的乙酐作酰化剂。

在生成乙酰水杨酸的同时,水杨酸分子之间也可以发生缩合反应,生成少量的聚合物。乙酰水杨酸能与碳酸钠反应生成水溶性盐,而副产物聚合物不溶于碳酸钠溶液,利用这种性质上的差异,可把聚合物从乙酰水杨酸中除去。粗产品中还有杂质水杨酸,这是由于乙酰化反应不完全或在分离步骤中发生水解造成的,可以在各步纯化过程和产物的重结晶过程中被除去。与大多数酚类化合物一样,水杨酸可与三氯化铁形成深色络合物,而乙酰水杨酸因酚羟基已被酰化,不与三氯化铁显色,因此,产品中残余的水杨酸很容易被检验出来。

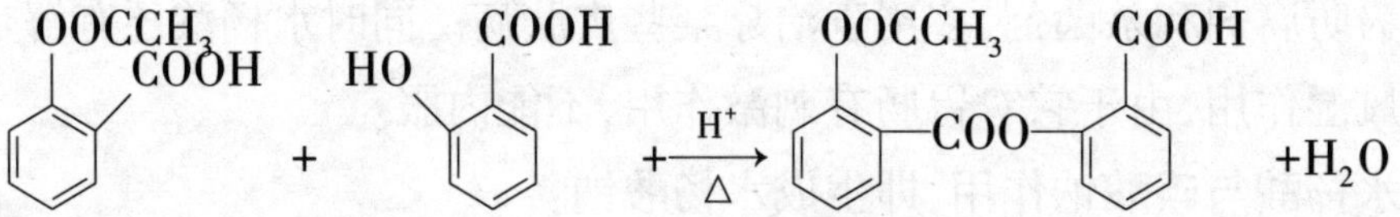

$$\text{(OOCCH}_3\text{, COOH)苯} + \text{(HO, COOH)苯} \xrightarrow[\triangle]{H^+} \text{(OOCCH}_3\text{)苯—COO—苯(COOH)} + H_2O$$

乙酰水杨酸为白色结晶,熔点135℃,微酸味,无臭,难溶于水,溶于乙醇、乙醚、氯仿。在干燥空气中稳定,但在湿空气中易水解为水杨酸和醋酸,所以应密闭在干燥处贮存。

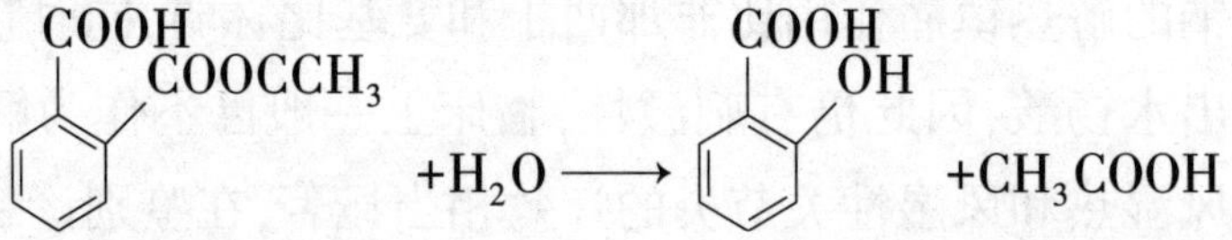

$$\text{(COOH, COOCCH}_3\text{)苯} + H_2O \longrightarrow \text{(COOH, OH)苯} + CH_3COOH$$

纯乙酰水杨酸分子中无游离的酚羟基,所以不与三氯化铁溶液起颜色反应,但乙酰水杨酸水解后产生了水杨酸,加入三氯化铁后呈紫色,故常用于检查阿司匹林中游离水杨酸的存在。阿司匹林有退热、镇痛和抗风湿痛的作用,而且对胃的刺激作用小,故常用于治疗发烧、头痛、关节痛、活动性风湿病等。它与非那西丁、咖啡因等合用称为复方阿司匹林,简称APC。

3.8.2 实验仪器及药品

仪器:150mL 锥形瓶,5mL 吸量管(干燥,附洗耳球),100mL、250mL、

500mL烧杯各一只，加热器，橡胶塞，温度计，玻棒，布氏漏斗，表面皿，药匙，50mL量筒，烘箱。

药品：水杨酸2.00g(0.015mol)、乙酸酐5mL(0.053mol)、饱和$NaHCO_3$(aq)、4mol/L盐酸、浓硫酸、冰块、95%乙醇、蒸馏水、1%$FeCl_3$。

表3-10 物理常数

药品名称	分子量(mol wt)	用量	熔点(℃)	沸点(℃)	比重(d_4^{20})	水溶解度(g/100mL)
水杨酸	138.12	2g(0.014mol)	159	211/2.66kpa	1.443	微溶于冷水 易溶于热水
乙酸酐	102.09	5mL(5.4g,0.05mol)	-73	139	1.082	在水中逐渐分解
乙酰水杨酸	180.16		135~138		1.350	微溶于水
浓硫酸	98	5d			1.84	易溶于水
浓盐酸	36.46	4~5mL			1.187	易溶于水
乙酸乙酯	88.12	2~3mL	-83.6	77.1	0.9005	微溶于水
其他药品	饱和碳酸钠溶液、1%三氯化铁溶液					

3.8.3 实验装置图

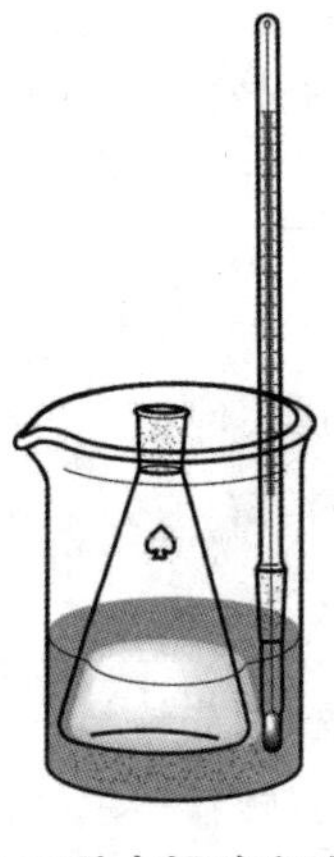

图3-9 乙酰水杨酸实验装置图

3.8.4 实验操作步骤及注意事项

表 3-11 实验步骤及注意事项

实验步骤	实验注意事项及实验改进
合成	
(1)称取水杨酸 2g 于锥形瓶(150mL);在通风条件下用吸量管取乙酸酐 5mL,加入锥形瓶,滴入 5 滴浓硫酸,摇动使固体全部溶解,盖上带玻璃管的胶塞,在事先预热的水浴中加热 10~15min。 水浴装置:500mL 烧杯中加 100mL 水、沸石,用温度计控制 85℃~90℃。5-10min	(1)若用 3mL 可减少副反应发生,易于晶体析出,提高产率。水杨酸∶乙酸酐=1∶(2~3)较为合适。 浓硫酸作用在于破坏水杨酸分子内氢键,降低反应温度(150~160℃)到 85~90℃发生,避免高温副反应发生,提高产品纯度、产率。 浓硫酸用量要控制(<0.2mL)。 附乙酰水杨酸分解温度:126~135℃。 水杨酸与乙酐混合后没有及时加硫酸并加热,会发生较多副反应
(2)取出锥形瓶,将液体转移至 250mL 烧杯并冷却至室温(可能会没有晶析出)。 加入 50mL 水,同时剧烈搅拌;冰水中冷却 10min,晶体完全析出	(2)该步搅拌要激烈,否则会析出块状物体,影响后续实验
(3)抽滤。冷水洗涤几次,尽量抽干,固体转移至表面皿,风干	(3)准备干燥、干净的抽滤瓶,用母液洗烧杯 2~3 次,尽量将固体都转移至漏斗
提纯	
(1)粗产品置于 100mL 烧杯中缓慢加入饱和 $NaHCO_3$ 溶液,产生大量气体,固体大部分溶解。共加入约 5mL 饱和 $NaHCO_3$(aq)搅拌至无气体产生	(1)饱和 $NaHCO_3$ 溶液溶解乙酰水杨酸,不溶解水杨酸聚合物,以此提纯乙酰水杨酸
(2)用干净的抽滤瓶抽滤,用 5~10mL 水洗(可先转移溶液,后洗)。将滤液和洗涤液合并并转移至 100mL 烧杯中,缓缓加入 15mL 4mol/L 的盐酸。边加边搅拌,有大量气泡产生	(2)加入盐酸要滴加,加入过快会导致析出过大的晶粒影响干燥

续表

实验步骤	实验注意事项及实验改进
(3)用冰水冷却10min后抽滤,2~3mL冷水洗涤几次,抽干、干燥、称量	(3)干燥步骤未取得较好方法,烘箱中80℃ 1h以上会烧焦,本次用55min。 产品称量:1.57g,理论:2.58g。产率60.85%
(4)产品纯度检验:取几粒结晶,加5mL水,滴加1%$FeCl_3$溶液。检验纯度	(4)为增加水杨酸和乙酰水杨酸在水中溶解度,可加入乙醇少许

注意事项

(1)实验在通风橱中进行,因为乙酸酐具有强烈刺激性,并注意不要沾在皮肤上。

(2)仪器要全部干燥,药品也要经干燥处理。

(3)醋酐要使用新蒸馏的,收集139~140℃的馏分。长时间放置的乙酸酐遇空气中的水,容易分解成乙酸。

(4)要按照书上的顺序加样。如果先加水杨酸和浓硫酸,水杨酸就会被氧化。

(5)水杨酸和乙酸酐最好的比例为1∶2或1∶3。

(6)实验中要注意控制好温度(85~90℃),温度过高将增加副产物的生成,如水杨酰水杨酸、乙酰水杨酰水杨酸、乙酰水杨酸酐等。

(7)将反应液转移到水中时,要充分搅拌,将大的固体颗粒搅碎,以防重结晶时不易溶解。

(8)本实验的几次结晶都比较困难,要有耐心。在冰水冷却下,用玻棒充分摩擦器皿壁,才能结晶出来。

(9)由于产品微溶于水,所以水洗时,要用少量冷水洗涤,用水不能太多。

(10)第一次的粗产品不用干燥,即可进行下步纯化,第二步的产品可用蒸气浴干燥。

(11)在最后重结晶操作中,可用微型玻璃漏斗过滤,以避免用大漏斗黏附的损失。

(12)最后的重结晶出可用乙醇溶解,并加水析晶。方法是:将晶体放入磨口锥形瓶中,加入 10mL 95%乙醇及 1~2 颗沸石,接上球形冷凝管,在水浴中加热溶解后,移去火源,取下锥形瓶,滴入冷蒸馏水至沉淀析出,再加入 2mL 冷蒸馏水,析出完全后,抽滤,以少量冷蒸馏水洗涤晶体 2 次,抽干,取出晶体,用滤纸压干,再蒸气浴干燥,称重。

思考题

1.浓硫酸存在下,水杨酸与乙醇反应会得到什么?写出反应方程式?

2.为什么用乙酸酐而不用乙酸?

3.反应容器为什么要干燥无水?

4.加入浓硫酸的目的是什么?

5.本实验中可产生什么副产物?写出相应的化学反应方程式。

6.副产物中的高聚物如何除去?

7.水杨酸可以在各步纯化过程和产物的重结晶过程中被除去,如何检验水杨酸已被除尽?

8.反应容器为什么要干燥无水?

3.9 乙酰苯胺的制备

实验目标

1.熟悉氨基酰化反应的原理及意义,掌握苯胺乙酰化反应的原理和操作。

2.学习掌握固体化合物重结晶提纯的原理和方法。趁热过滤和减压过滤等操作技术。

3.掌握氨基的保护方法。

该反应在有机合成中保护官能团的重要性和操作方法，重结晶的方法及条件。

抽滤和结晶的操作。

实验过程

1.乙酰苯胺的用途

乙酰苯胺，白色有光泽片状结晶或白色结晶粉末，是磺胺类药物的原料，可用作止痛剂、退热剂（俗称“退热冰”）、防腐剂和染料中间体。在空气中稳定，遇酸或碱性水溶液易分解成苯胺及乙酸。

2.苯胺乙酰化的必要性

（1）作为一种保护措施，将一级和二级芳胺（就是伯胺和仲胺）在合成中转化为其乙酰衍生物，降低芳胺对氧化性试剂的敏感性，使其不被反应试剂破坏。

（2）氨基经酰化后，降低了氨基在亲电取代反应（特别是卤化）中的活化能力，使其由很强的第 I 类定位基变成中等强度的第 I 类定位，使反应由多元取代变为有用的一元取代。

（3）由于乙酰基的空间效应，往往选择性地生成对位取代产物。

（4）在某些情况下，酰化可以避免氨基与其他功能基或试剂（如 RCOCl，$-SO_2Cl$，HNO_2 等）之间发生不必要的反应。

作为氨基保护基的酰基基团可在酸或碱的催化下脱除。

3.芳胺的乙酰化试剂选择

芳胺可用酰氯、酸酐或冰醋酸加热来进行酰化。

冰醋酸试剂易得，价格便宜，但需要较长的反应时间，适合于规模较大的制备。

酸酐一般来说是比酰氯更好的酰化试剂，用游离苯胺与纯乙酸酐进行酰化时，常伴有二乙酰胺[$ArN(COCH_3)_2$]副产物的生成，如果在醋酸-醋酸钠缓冲溶液中酰化，由于酸酐水解速度比酰化速度慢得多，可得到高纯度产物，但此方法不适用于硝基苯胺和其他碱性很弱的芳胺的酰化。

3.9.1　实验原理

乙酰苯胺的制备反应式：

$$C_6H_5NH_2 \xrightarrow{HCl} C_6H_5\overset{+}{N}H_3Cl^- \xrightarrow[CH_3CO_2Na]{(CH_3CO)_2O} C_6H_5NHCOCH_3 + 2CH_3CO_2H + NaCl$$

盐酸的作用：生成胺基正离子，降低了苯胺的亲核能力，减少副产物的生成。

3.9.2　实验仪器及药品

仪器：三角锥形瓶、温度计、水循环式真空泵、数显式熔点测定仪。

药品：新蒸苯胺(2.6mL)、新蒸乙酸酐(3.7mL)、结晶乙酸钠(4.5g)、活性炭(适量)、浓盐酸(2.5mL)。

表 3-12　物理常数

名称	分子量	性状	密度 (g/cm^3)	熔点 (℃)	沸点 (℃)	溶解度	
						水	油
苯胺	93.12	无色油状液体	1.02	6.2	184.4	微溶	易溶于乙醇、乙醚等
乙酸	60.05	无色液体	1.05	16.6	118.1	易溶	易溶于乙醇、乙醚和 CCl_4
乙酰苯胺	135.17	白色结晶或粉末	1.22	114.3	304	微溶于冷水，溶于热水	溶

3.9.3　实验装置图

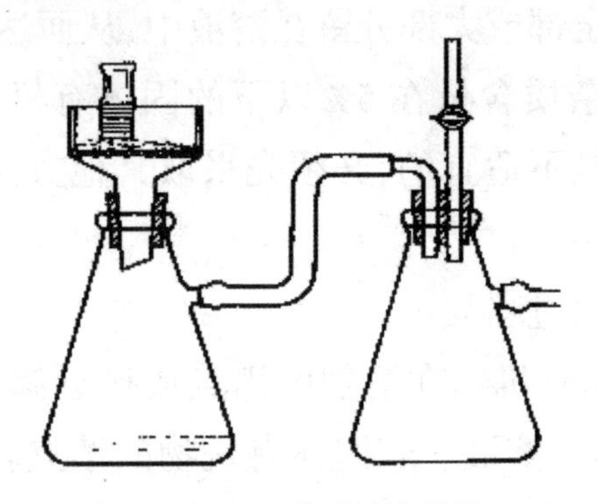

图 3-10　乙酰苯胺抽滤装置图

3.9.4　实验操作步骤

1.酰化

(1)在 250mL 烧杯中放入 2.5mL 盐酸、60mL 水。

(2)在搅拌条件下加入 2.6mL 苯胺,再加少量活性炭,煮沸 5min。

(3)将反应物趁热抽滤。

(4)滤液转移到 250mL 锥形瓶中,冷却到 50℃,加入 3.7mL 乙酸酐,立即加入 4.5g 结晶乙酸钠溶于 10mL 的溶液,充分摇动混合。

2.结晶抽滤

在搅拌下,趁热将烧瓶中的物料以细流状倒入盛有冰水的烧杯中,剧烈搅拌,并冷却烧杯至室温,粗乙酰苯胺结晶析出,抽滤。用玻璃瓶塞将滤饼压干,再用 5~10mL 冷水洗涤,再抽干。得到乙酰苯胺粗产品。

3.重结晶

将粗乙酰苯胺滤饼放入盛有 50mL 热水的锥形瓶中,加热,使粗乙酰苯胺溶解。若溶液沸腾时仍有未溶解的油珠,应补加热水,直至油珠消失为止。稍冷后,加入约 0.2g 活性炭,在搅拌下加热煮沸 1~2min,趁热用保温漏斗过滤或用预先加热好的布氏漏斗减压过滤,将滤液慢慢冷却至室温,待结晶完全后抽滤,尽量压干滤饼。产品放在干净的表面皿中晾干,称重。计算产率。

固体有机物在溶剂中的溶解度一般随温度的升高而增大。把固体有机物溶解在热的溶剂中使之饱和,冷却时由于溶解度降低,有机物又重新析出晶体。利用溶剂对被提纯物质及杂质的溶解度不同,使被提纯物质从过饱和溶液中析出。让杂质全部或大部分留在溶液中,从而达到提纯的目的。

重结晶只适用于杂质含量在5%以下的固体有机混合物的提纯。从反应粗产物直接重结晶是不适宜的,必须先采取其他方法初步提纯,然后再重结晶提纯。

重结晶提纯的一般过程为:

(1)将不纯的固体有机物在溶剂的沸点或接近沸点的温度下溶解在溶剂中,制成接近饱和的浓溶液。若固体有机物的熔点较溶剂沸点低,则应制成在熔点温度以下的饱和溶液。

(2)若溶液含有色杂质,可加入活性炭煮沸脱色。

(3)过滤此热溶液以除去其中的不溶性物质及活性炭。

(4)将滤液冷却,使结晶自过饱和溶液中析出,而杂质留在母液中。

(5)抽气过滤,从母液中将结晶分出,洗涤结晶以除去吸附的母液。所得的固体结晶,经干燥后测定其熔点,如发现其纯度不符合要求,则可重复上述重结晶操作直至熔点达标。

重结晶的关键是选择适宜的溶剂。合适的溶剂必须具备以下条件。

(1)不与被提纯物质发生化学反应。

(2)在较高温度时能溶解多量的被提纯物质,而在室温或更低温度时只能溶解少量。

(3)对杂质的溶解度非常大或非常小,前一种情况可让杂质留在母液中不随提纯物质一同析出,后一种情况是使杂质在热过滤时被滤去。

(4)溶剂易挥发,易与结晶分离除去,但沸点不宜过低。

(5)能给出较好的结晶。

(6)价格低、毒性小、易回收、操作安全。

当一种物质在一些溶剂中的溶解度太大,而在另一些溶剂中的溶解度又太小,同时又不能找到一种合适的溶剂时,常可使用混合溶剂而得到满意的结果。

最后,烘干产品测熔点。

3.9.5　制备乙酰苯胺的另一种方法

在 500mL 烧杯中加入 5mL 浓盐酸和 120mL 水配成的溶液，搅拌下加入 5.6g(5.5mL)苯胺，待溶解后，再加入少量活性炭(约 1g)，将溶液煮沸 5min，趁热滤去活性炭和其他不溶性杂质(如果溶得比较好可不用这一步)。将溶液转移到 500mL 锥形瓶中，冷却至 50℃，加入 7.3mL 醋酸酐，振摇使其溶解，立即加入醋酸钠溶液(9g 结晶醋酸钠溶于 20mL 水)，充分振摇混合，然后将混合物在冰水浴中冷却结晶，减压过滤，用少量冷水洗涤 2~3 遍，干燥称重(放在实验柜中自然干燥，下次试验再称)。

注意事项

(1)醋酐有刺激性，不要接触皮肤，使用时要注意安全。

(2)久置的苯胺色深有杂质(暴露于空气中或日光下变为棕色)，会影响乙酰苯胺的质量，故最好用新蒸的苯胺。另一原料乙酸酐也最好用新蒸的。苯胺有毒，有强致癌作用，使用时要注意安全，有伤口的同学注意不要让苯胺与伤口接触。

(3)不应将活性炭加入沸腾的溶液中，不然会导致暴沸，会使溶液溢出器皿。

(4)反应物冷却后，固体产品立即析出，粘在瓶壁不容易理处。故须趁热在搅动下倒入冷水中，以去除超过限量的醋酸及未反应的苯胺(可成为苯胺醋酸盐而溶于水)。

(5)趁热过滤时，也可采用抽滤装置。但布氏漏斗和吸滤瓶一定要预热。滤纸大小要合适，抽滤过程要快，避免产品在布氏漏斗中结晶。

(6)如果没有形成晶体析出，则可用玻棒摩擦发生静电，加强分子间引力，同时使分子相互碰撞，吸力增大，形成晶体加速析出。

(7)滤饼的洗涤：把滤饼尽量抽干、压干，拔掉抽气的橡皮管，恢复常压。把少量溶剂均匀地洒在滤饼上，使溶剂恰能盖住滤饼。静置片刻，使溶剂渗透滤饼，待有滤液从漏斗下端滴下时，重新抽气，再把滤饼抽干。这样反复几次，就可洗净滤饼。

(8)结晶的析出：结晶时，让溶液静置，使之慢慢地生成完整的大晶体，若在冷却过程中不断搅拌则得到的晶体较小。若冷却后仍无结晶析出,则可用下列方法使晶体析出:①用玻璃棒摩擦容器内壁;②投入晶种;③用冰水或其他冷冻溶液冷却,如果不析出晶体而得油状物,那么可将混合物加热到澄清后,让其自然冷却至开始有油状物析出时,立即用玻璃棒剧烈搅拌,使油状物分散在溶液中,搅拌至油状物消失为止,或加入少许晶种。

思考题

1.方法一中反应过程中为什么要控制分馏柱顶部温度在100~110℃?

2.用乙酸酐进行酰化时,加入盐酸和醋酸钠的目的是什么?

3.方法一中乙酰苯胺制备实验为什么加入锌粉?锌粉加入量对操作有什么影响?

4.乙酰苯胺重结晶时,制备乙酰苯胺热饱和溶液过程中出现油珠是什么?它的存在对重结晶质量有何影响?应如何处理?

5.乙酰苯胺制备实验加入活性炭的目的是什么?怎样进行这一操作?

6.在布氏漏斗中如何洗涤固体物质?

7.本实验用什么方法鉴定乙酰苯胺?

8.为什么活性炭要在固体物质完全溶解后加入?

9.重结晶法一般包括哪几个步骤?各步骤的主要目的是什么?

10.重结晶时,溶剂的用量为什么不能过量太多,也不能过少?适宜的用量是多少?

11.使用有机溶剂重结晶时,哪些操作容易着火?怎样才能避免呢?

12.使用布氏漏斗过滤时,滤纸大于漏斗瓷孔面有什么不好?

13.停止抽滤前,不先拔除橡皮管就关住水阀(泵)会有什么问题产生?

14.某一有机化合物进行重结晶,最适合的溶剂应该具有哪些性质?

15.将溶液进行热过滤时,为什么要尽可能减少溶剂的挥发?如何减少其挥发?

16.在布氏漏斗中用溶剂洗涤固体时应该注意些什么?

第4章 综合习题

4.1 综合习题一

一、选择题(不定选项)

1.进行简单蒸馏时,蒸馏前加入沸石,以防暴沸,冷凝水应从(　　)。

A.上口进,下口出　　B.下口进,上口出　　C.无所谓从哪里进水

2.真空抽气过滤结束时的操作顺序是(　　)。

A.先关水泵再打开安全瓶的活塞

B.先打开安全瓶的活塞再关水泵

C.先关水泵再拔出抽滤瓶的橡胶管

D.先拔下抽滤瓶的橡胶管再关水泵

3.重结晶实验中活性炭所起的作用是(　　)。

A.脱色　　B.脱水

C.促进结晶　　D.脱脂

4.蒸馏过程中以加热后发现没有加入沸石,正确的做法是(　　)。

A.立刻加入沸石

B.停止加热待冷却确定低于沸点后加入沸石

C.停止加热冷却后加入沸石

D.继续蒸馏不用再加沸石

二、填空题

1.将液体加热至沸腾,使液体变为蒸气,然后使蒸气冷却再凝结为液体,

这两个过程的联合操作称为____________。

2.色谱法按原理分为____________、__________、______________、_____________。

3.两个组分A和B采用TLC(薄层色谱)分开,当溶剂前沿从样品源点算起,移动了9.0cm时,A距源点2.0cm,B距源点3cm。请计算A的R_f等于__________。

4.实验室常用的加热的方法有_______、_______、_______、_______、________等。

5.薄层色谱主要应用有__________________、_________________、__________________、___________________________及__________________________。

6.当分馏柱已确定,操作时分馏分离效果还与_______________有关。

7.蒸馏时烧瓶中装入的液体了应在_________________体积之间。

三、画图题

请画出简单蒸馏装置图。

四、简答题

1.有机实验室发生下列火灾时应该怎么办?

(1)小器皿内着火:

(2)油类物质着火:

(3)衣服着火:

(4)电器着火:

2.分馏和蒸馏在原理及装置上有哪些异同?如果是两种沸点很接近的液体组成的混合物能否用分馏来提纯呢?

3.当加热后有馏出液时,才发现未通冷凝水,能否马上通水?应如何正确处理?

4.玻璃仪器清洁的标志是什么?

5.水蒸气蒸馏的原理是什么?水蒸气蒸馏时温度会不会高于100℃?

6.在什么情况下可采用水蒸气蒸馏?

7.具有什么条件的固体有机化合物,才能用升华法进行提纯?

8.请解释固体、晶体的概念。

9.重结晶操作过程一般含哪些步骤？

10.旋光度的概念？

11.温度对折光率是如何影响的？

12.索氏提取器由哪几部分组成？其提取的优点是什么？

13.柱层析(色谱)分离的原理是什么？

14.重结晶时,溶剂的用量为什么不能过量太多,也不能过少？适宜的用量是多少？

15.用水重结晶乙酰苯胺,在溶解过程中出现的油状物是什么？

16.使用布氏漏斗过滤时,滤纸大于漏斗瓷孔面有什么不好？

17.在布氏漏斗中用溶剂洗涤固体时应该注意些什么？

18.在重结晶过程中,必须注意哪几点才能使产品的产率高、质量好？

19.制备乙酰苯胺水的热饱和溶液时,观察到加热已经沸腾,但还有少量乙酰苯胺没有溶解,能否通过延长加热时间使其溶解？

4.2　综合习题二

一、选择题(不定选项)

1.蒸馏瓶的选用与被蒸液体量的多少有关,通常装入液体的体积应为蒸馏瓶容积的(　　)。

A.1/3～2/3　　B.1/3～1/2

C.1/2～2/3　　D.1/3～3/2

2.根据分离原理,硅胶柱色谱属于(　　)。

A.分配色谱　　B.吸附色谱

C.离子交换色谱　　D.空间排阻色

3.重结晶操作的一般步骤顺序是(顺序错不给分)(　　)。

A.活性炭脱色　　B.趁热抽滤

C.制热饱和溶液　　D.溶液冷却结晶

E.干燥　　F.抽滤收集晶体

G.检验纯度

4.分液漏斗的错误使用和保养是(　　)。

A.使用后应洗净晾干,将磨口与对应的塞子塞好,部件不可拆开放置

B.分液漏斗的磨口是非标磨口,部件不能互换使用

C.使用前检查各磨口是否漏液,旋塞应涂少量凡士林

D.震荡时注意及时放气,上层液体从上口倒出,下层液体从下口放出

二、填空题

1.__________是纯化固体化合物的一种手段,它可除去与被提纯物质的蒸气间有显著差异的不挥发性杂质。

2.采用重结晶提纯样品,要求杂质含量为________以下,如果杂质含量太高,可先用__________、__________等方法提纯。

3.__________是借助于分馏柱使一系列的蒸馏不需多次重复,一次得以完成的蒸馏。

4.常用的冷凝管有____冷凝管、____冷凝管、____冷凝管、____冷凝管。蒸馏时液体沸点小于130℃用____冷凝管;大于130℃用______冷凝管。

5.色谱法是______、________、________有机化合物的重要方法之一。

6.薄层硅胶板上标有"硅胶 GF_{254}",表示含______又含________。硅胶薄层板显色的常用方法有________、________________。

三、画图题

请画出分馏装置图。

四、简答题

1.仪器的清洗的方法主要有哪些?

2.使用温度计时应注意哪些问题?

3.蒸馏的作用是什么?

4.什么叫共沸物?为什么不能用分馏法分离共沸混合物?

5.在布氏漏斗中用溶剂洗涤固体时应该注意些什么?

6.蒸馏停止的判断依据是什么?

7.水蒸气蒸馏是纯化分离有机化合物的重要方法之一,但需要被纯化的物质具备哪些条件?

8.怎样判断水蒸气蒸馏操作是否结束?

9.何为升华？

10.重结晶理想溶剂的条件是什么？

11.影响旋光度的因素有哪些？

12.测定折射率的意义是什么？

13.简述索氏抽提器提取的理论原理和仪器原理及应用范围？

14.陈述薄层色谱的操作方法。

4.3　综合习题三

一、填空题

1.安装仪器顺序一般都是__________，____________。要准确端正，横平竖直。无论从正面或侧面观察，全套仪器的轴线都要在同一平面内。

2.减压过滤（抽滤）结束时，应该先__________，再__________，以防止倒吸。

3.学生实验中经常使用的冷凝管有__________________、________________及________________；其中，____________一般用于沸点高于 140℃ 的液体有机化合物的蒸馏操作中。

4.脂肪提取器是利用溶剂回流和________原理，使固体物质连续不断地为纯溶剂所萃取的仪器。

5.为了避免热过滤时，结晶在漏斗中析出，可以把布氏漏斗____________。

二、选择题

1.在乙酰苯胺重结晶时，需要配制其热饱和溶液，这时常出现油状物，此油状物是(　　)。

A.杂质　　B.乙酰苯胺

C.苯胺　　D.冰醋酸

2.重结晶时，活性炭所起的作用是(　　)。

A.脱色　　B.脱水

C.促进结晶　　D.脱脂

3.把玻璃管或温度计插入橡皮塞或软木塞时,常常会折断而使人受伤。下列不正确的操作方法是(　　)。

A.可在玻璃管上沾些水或涂上甘油等作润滑剂,一手拿着塞子,一手拿着玻璃管一端(两只手尽量靠近),边旋转边慢慢地把玻璃管插入塞子中

B.橡皮塞等钻孔时,打出的孔比管径略小,可用圆锉把孔锉一下,适当扩大孔径

C.无须润滑,且操作时与双手距离无关

4.在进行硅胶薄层层析中,R_f 值比较大,则该化合物的极性(　　)。

A.大　　B.小

C.差不多　　D.以上都不对

5.蒸馏瓶的选用与被蒸液体量的多少有关,通常装入液体的体积应为蒸馏瓶容积的(　　)。

A.1/3~2/3　　B.1/2~2/3

C.1/3~1/2　　D.蒸馏瓶容积范围内都可以

三、实验装置题

请画出分馏装置图并指出各部分的名称。

四、简答题

1.沸石(即止暴剂或助沸剂)为什么能防止暴沸?加热后才发现没加沸石怎么办?

2.什么情况下用水蒸气蒸馏?进行水蒸气蒸馏时,被提纯物质应具备什么条件?

3.用于重结晶的溶剂要符合哪些条件?

4.为什么蒸馏时最好控制馏出液的速度为1~2滴/s?

5.什么叫薄层色谱?其操作分为哪几个步骤?其定性依据是什么?怎么计算?

6.什么叫柱色谱?柱中若留有空气或填装不均匀,对分离效果有何影响?

4.4　综合习题四

一、填空题

1.用分液漏斗分液时,上层________________,下层________________________________。

2.采用重结晶提纯样品,要求杂质含量为________ 以下,如果杂质含量太高,可先用________,________方法提纯。

3.仪器安装顺序为____________,____________。拆卸仪器与其顺序相反。

4.重结晶时,如果溶液冷却后不析出晶体应________,____________,________。

二、选择题(不定选择)

1.久置的苯胺呈红棕色,精制方法是(　　)。

A.过滤　　B.活性炭脱色

C.蒸馏　　D.水蒸气蒸馏

2.真空抽气过滤结束时的操作顺序是(　　)。

A.先关水泵再打开安全瓶的活塞

B.先打开安全瓶的活塞再关水泵

C.先关水泵再拔出抽滤瓶的橡胶管

D.先拔下抽滤瓶的橡胶管再关水泵

3.重结晶实验中活性炭所起的作用是(　　)。

A.脱色　　B.脱水

C.促进结晶　　D.脱脂

4.在乙酰苯胺的重结晶时,配制其热饱和溶液时出现的油状物是(　　)。

A.杂质　　B.乙酰苯胺

C.苯胺　　D.正丁醚

三、实验装置题

请画出肉桂酸制备的实际反应装置图(带干燥管的装置图)。

四、简答题

1.环己烯制备实验中,哪些操作步骤会使产物的产率低?

2.阿司匹林制备中,主反应方程式是什么?如何除去水杨酸中的副产物?

3.在环己烯制备实验中,为什么要控制分馏柱顶温度不超过90℃?

4.用简单的化学方法来证明最后得到的产品是环己烯?

5.制备肉桂酸时为何采用水蒸气蒸馏?

6.蒸出的粗乙酸乙酯中含有哪些杂质?如何逐一除去?

7.在制备1-溴丁烷时,反应瓶中为什么要加少量的水?多加水好不好?为什么?

4.5 综合习题五

一、填空题

1.蒸馏时,如果馏出液易受潮分解,可以在接收器上连接一个________防止______侵入。

2.________只适宜杂质含量在______以下的固体有机混合物的提纯。从反应粗产物直接重结晶是不适宜的,必须先采取其他方法初步提纯。

3.液体有机物干燥前,应将被干燥液体中的________尽可能________,不应见到有________。

4.水蒸气蒸馏是用来分离和提纯有机化合物的重要方法之一,常用于下列情况:①混合物中含有大量的________;②混合物中含有________物质;③在常压下蒸馏会发生______________氧化________的______________有机物质。

5.萃取是从混合物中抽取______________;洗涤是将混合物中所不需要的物质______________。

二、选择题

1.在苯甲酸的碱性溶液中,含有(　　)杂质,可用水蒸气蒸馏方法除去。

A.$MgSO_4$　　B.CH_3COONa

C.C_6H_5CHO　　D.NaCl

2.正溴丁烷的制备中,第一次水洗的目的是(　　)。

A.除去硫酸　　B.除去氢氧化钠

C.增加溶解度　　D.进行萃取

3.久置的苯胺呈红棕色,用(　　)方法精制。

A.过滤　　B.活性炭脱色

C.蒸馏　　D.水蒸气蒸馏

4.测定熔点时,使熔点偏高的因素是(　　)。

A.试样有杂质　　B.试样不干燥

C.熔点管太厚　　D.温度上升太慢

三、实验装置题

请画出环已烯制备的实际反应装置图。

四、简答题

1.有机合成中,往往由于氧化等副反应会生成少量有色物质,请问,这些有色物质可用什么办法除去?

2.乙酰苯胺可用苯胺与什么反应制得?请说出两种以上的物质。

3.重结晶是用什么原理进行的?

4.乙酰苯胺纯化时,要进行热过滤,请问热过滤操作的关键是哪些?

5.制备乙酸乙酯时,提高产率的措施有哪些?

6.粗乙酸乙酯纯化时,分别用饱和 Na_2CO_3 溶液洗涤、饱和食盐水洗涤、饱和 $CaCl_2$ 溶液洗涤、无水硫酸镁干燥,请说明各步处理的目的是什么。

7.在从茶叶中提取咖啡因时,为什么用脂肪提取器提取,而不用分液漏斗提取?

8.升华法纯化固体物质时,必须满足什么条件?升华法有什么特点?

4.6 综合习题六

一、填空题

1.冷凝管通水是由______而______,反过来不行。因为这样冷凝管不能充满水,由此可能带来两个后果:其一,气体的______________不好;其二,冷凝管的内管可能________。

2.羧酸和醇在少量酸催化作用下生成酯的反应,称为______反应。常用的酸催化剂有______浓硫酸、__________________等。

3.蒸馏时蒸馏烧瓶中所盛液体的量既不应超过其容积的________,也不应少于______。

4.减压过滤结束时,应该先__________,再__________,以防止倒吸。

5.用羧酸和醇制备酯的合成实验中,为了提高酯的收率和缩短反应时间,可采取________、____________、______________、________等措施。

二、选择题

1.重结晶实验中活性炭所起的作用是(　　)。

A.脱色　　B.脱水

C.促进结晶　　D.脱脂

2.在乙酰苯胺的重结晶时,配制其热饱和溶液时出现的油状物是(　　)。

A.杂质　　B.乙酰苯胺

C.苯胺　　D.正丁醚

3.过程中,如果发现没有加入沸石,应该(　　)。

A.立刻加入沸石

B.停止加热稍冷后加入沸石

C.停止加热冷却后加入沸石

4.进行脱色操作时,活性炭的用量一般为(　　)。

B.1%~3%　　B.5%~10%　　C.10%~20%

三、选择题

请画出乙醚制备的实际反应装置图。

四、简答题

1.在正溴丁烷的合成实验中,蒸馏出的馏出液中正溴丁烷通常应在下层,但有时可能出现在上层,为什么?遇此现象应如何处理?

2.当加热后已有馏分出来时才发现冷凝管没有通水,怎么处理?

3.遇到磨口粘住时,怎样才能安全地打开连接处?

4.在制备乙酰苯胺的饱和溶液进行重结晶时,烧杯中有油珠出现,试解释原因。怎样处理才算合理?

5.重结晶时,如果溶液冷却后不析出晶体怎么办?

6.怎样判断水蒸气蒸馏是否完成?蒸馏完成后,如何结束实验操作?

7.冷凝管通水方向是由下而上的,反过来行吗?为什么?

8.合成乙酰苯胺时,柱顶温度为什么要控制在 105℃左右?

9.选择重结晶用的溶剂时,应考虑哪些因素?

10.在正溴丁烷的制备过程中,如何判断正溴丁烷是否蒸完?

11.什么情况下需要采用水蒸气蒸馏?

12.什么时候用吸收装置?如何选择吸收剂?

13.什么是萃取?什么是洗涤?指出两者的异同点。

14.情况下用水蒸气蒸馏?用水蒸气蒸馏的物质应具备什么条件?

15.沸石为什么能止暴?如果加热后才发现没加沸石怎么办?由于某种原因中途停止加热,再重新开始蒸馏时,是否需要补加沸石?为什么?

16.何谓分馏?它的基本原理是什么?

17.测定熔点时,常用的热浴有哪些?如何选择?

18.蒸馏装置中,温度计应放在什么位置?如果位置过高或过低会有什么影响?

19.实验中经常使用的冷凝管有哪些?各用在什么地方?

20.合成乙酰苯胺时,锌粉起什么作用?加多少合适?

21.如何除去液体化合物中的有色杂质?如何除去固体化合物中的有色杂质?除去固体化合物中的有色杂质时应注意什么?

22.在使用分液漏斗进行分液时,操作中应防止哪几种不正确的做法?

23.重结晶时,如果溶液冷却后不析出晶体怎么办?

24.重结晶操作中,活性炭起什么作用?为什么不能在溶液沸腾时加入?

25.在制备正溴丁烷时,其粗产品中可能含有哪些杂质?请问如何除去?

附录

附录1　常用试剂及纯化处理办法

大多数有机试剂性质不稳定，久储易变色、变质，而化学试剂的纯度关系到反应速率、反应产率及产物的纯度。有机化学实验中需要选择适当规格的试剂，有时还必须对试剂进行纯化处理。

1.石油醚

石油醚为轻质石油产品，是低相对分子质量烃类（主要是戊烷和己烷）的混合物，无色透明液体，有煤油气味。实验室使用的石油醚沸程为30~150℃，依据沸点的高低分为30~60℃（d_4^{15} 0.59~0.62）、60~90℃（d_4^{15} 0.64~0.66）、90~120℃（d_4^{15} 0.67~0.72）、120~150℃（d_4^{15} 0.72~0.75）等馏分。石油醚中含有少量不饱和烃杂质，其沸点与烷烃相近，用蒸馏方法是不能分离的，通常可用浓硫酸和高锰酸钾溶液把它洗去。首先将石油醚用相当于其体积10%的浓硫酸洗涤2~3次，再用10%硫酸加入高锰酸钾配成的饱和溶液洗涤，直至水层中的紫色不再消失为止。然后用水洗，经无水氯化钙干燥后蒸馏。如要绝对干燥的石油醚，则加入钠丝。

石油醚一般为一级易燃液体，大量吸入石油醚蒸气有麻醉症状。使用石油醚作溶剂时，由于轻组分挥发快，溶解能力降低，通常在其中加入苯、氯仿、乙醚等以增加其溶解能力。

2.苯

苯的分子式为C_6H_6，沸点80.1℃，折射率n_D^{20} 1.5011，相对密度d_4^{20} 0.87865。

普通苯中常含有少量水（可达0.02%）和噻吩（沸点为84℃），它们沸点与苯接近，不能用蒸馏或分步结晶等方法除去。

噻吩和水的除去:将苯装入分液漏斗中,加入相当于苯体积1/7的浓硫酸,振摇使噻吩磺化,弃去酸液,再加入新的浓硫酸,重复操作几次,直到酸层呈现无色或淡黄色,且检验无噻吩存在。将上述无噻吩的苯依次用水、10%碳酸钠溶液和水洗至中性,再经无水氯化钙干燥后蒸馏,收集80℃的馏分,最后加入钠丝除去微量的水得到无水苯。

苯为一级易燃品。苯的蒸气对人体有强烈的毒性,以损害造血器官与神经系统最为显著。

3.二氯甲烷

二氯甲烷分子式为 CH_2Cl_2,沸点39.75℃,折射率 n_D^{20} 1.4242,相对密度 d_4^{20} 1.3266。

二氯甲烷为无色挥发性液体,微溶于水,能与醇、醚混溶,蒸气不燃烧,与空气混合不发生爆炸。

二氯甲烷比氯仿安全,因此常用它代替氯仿作为比水重的萃取剂。普通的二氯甲烷一般都能直接作萃取剂。如需纯化,则可用5%碳酸钠溶液洗涤,再用水洗涤,然后用无水氯化钙干燥,蒸馏收集39.5~41℃的馏分,保存在棕色瓶中。

4.氯仿

氯仿分子式为 $CHCl_3$,沸点61.7℃,折射率 n_D^{20} 1.4459,相对密度 d_4^{20} 1.4832。

氯仿在日光下易氧化成氯气、氯化氢和光气(剧毒),故氯仿应储存于棕色瓶中。市场上供应的氯仿多用1%乙醇作稳定剂,以消除产生的光气。氯仿中乙醇的检验可用碘仿反应;游离氯化氢的检验可用硝酸银的醇溶液。

为了除去乙醇,可将氯仿与为其一半体积的水在分液漏斗中振荡数次,然后分出下层氯仿,用无水氯化钙或无水碳酸钾干燥24h,然后蒸馏。除去乙醇的无水氯仿必须保存于棕色瓶中,并放于柜中,以免在光的照射下分解产生光气。氯仿绝对不能用金属钠干燥,否则会发生爆炸。

5.四氯化碳

氯仿分子式为 CCl_4,沸点76.8℃,折射率 n_D^{20} 1.4603,相对密度

d_4^{20} 1.6037。

四氯化碳为无色、易挥发、不易燃的液体,具有氯仿的微甜气味。目前四氯化碳主要由二硫化碳经氯化制得,因此普通四氯化碳中含有二硫化碳(含量约4%)及微量乙醇。

纯化方法:将1000mL四氯化碳与60g氢氧化钾溶于60mL水中,再加100mL乙醇,剧烈振摇30min(温度50~60℃),用水洗后可用30g氢氧化钾、30mL水和50mL乙醇重复洗涤一次。然后分出四氯化碳,先用水洗,再用少量浓硫酸洗至无色,最后再用水洗,用无水氯化钙干燥,蒸馏即得纯品。四氯化碳不能用金属钠干燥,否则会发生爆炸。

6.无水乙醇

乙醇分子式为 C_2H_5OH,沸点78.5℃,折射率 n_D^{20} 1.3611,相对密度 d_4^{20} 0.7893。

市售的无水乙醇一般只能达到99.5%的纯度,在许多反应中需用纯度更高的绝对乙醇,经常需要自己制备。

(1)纯度98~99%乙醇的纯化:①利用苯、水和乙醇形成低共沸混合物的性质,将苯加入乙醇中,进行分馏,在64.9℃时蒸出苯、水、乙醇的三元恒沸混合物,多余的苯在68.3℃与乙醇形成二元恒沸混合物被蒸出,最后蒸出乙醇,工业上多用此法;②用生石灰脱水:于100mL 95%乙醇中加入新鲜的块状生石灰20g,回流3~5h,然后进行蒸馏。

(2)纯度99%以上乙醇的纯化:①在500mL 99%乙醇中加入7g金属钠,待反应完毕,再加入27.5g邻苯二甲酸二乙酯或25g草酸二乙酯,回流2~3h,然后进行蒸馏;②在60mL 99%乙醇中加入5g镁和0.5g碘,待镁溶解生成醇镁后,再加入900mL 99%乙醇,回流5h后,蒸馏,可得到99.9%乙醇。

乙醇为一级易燃液体,应储存于阴凉通风处,远离火源。乙醇可通过口腔、胃壁黏膜吸入,对人体产生刺激,有麻醉作用,吸入过多会引起恶心、呕吐甚至昏迷。

7.无水乙醚

乙醚的分子式为 $(C_2H_5)_2O$,沸点34.51℃,折射率 n_D^{20} 1.3526,相对密度

d_4^{20} 0.7138。普通乙醚中常含有2%的乙醇、0.5%的水及少量过氧化物等杂质，不仅影响反应的进行，还易发生危险。

(1)过氧化物的检验与除去：取少量乙醚与等体积的2%KI溶液，加入几滴稀盐酸振摇，若使淀粉溶液呈紫色或蓝色，即表明有过氧化物杂质。在分液漏斗中，加入普通乙醚和相当于乙醚体积1/5的新配制的硫酸亚铁溶液，剧烈摇动后分去水溶液，以此除去过氧化物，再用浓硫酸和金属钠作干燥剂，所得无水乙醚可用于格氏反应。

(2)醇和水的检验与除去：乙醚中放入少许高锰酸钾粉末和一粒氢氧化钠。放置后，氢氧化钠表面附有棕色树脂，即证明有醇存在。水的存在用无水硫酸铜检验。先用无水氯化钙除去大部分水，再用金属钠干燥。

乙醚为一级易燃液体，由于沸点低、挥发性大，储存时要避免日光照射，远离热源，注意通风，并加入少量氢氧化钾以避免过氧化物的形成。乙醚对人有麻醉作用，当吸入含乙醚3.5%(体积分数)的空气时，30～40s就会失去知觉。

8.四氢呋喃

四氢呋喃的分子式为C_4H_8O，沸点67℃，折射率n_D^{20} 1.4050，相对密度d_4^{20} 0.8892。四氢呋喃是具有乙醚气味的无色透明液体，可以与水互溶。市售的四氢呋喃含有少量水及过氧化物。处理四氢呋喃时，应先用小量进行试验，在确定其中只有少量水和过氧化物、作用不过于剧烈时，才可进行纯化。四氢呋喃中的过氧化物用酸化的碘化钾溶液来检验。如过氧化物较多，应另行处理。

9.乙酸酐

乙酸酐的分子式为$(CH_3CO)_2O$，沸点139～141℃(101.0kPa，760mmHg)，折射率n_D^{20} 1.3904，相对密度d_4^{20} 1.0820。乙酸酐是无色易挥发液体，具有强烈刺激性气味和腐蚀性，溶于氯仿、乙醚和苯等有机溶剂，对皮肤有严重腐蚀作用，使用时需戴防护眼镜及手套。

10.无水氯化钙

氯化钙的分子式为$CaCl_2$，相对分子质量110.98，白色固体，熔点772℃，

沸点>1600℃，折射率 n_D^{20} 1.3580，相对密度 d_4^{20} 1.0860。无水氯化钙极易吸潮，易溶于水、乙醇、丙酮、乙酸。无水氯化钙对眼睛有刺激性，使用时避免吸入粉尘，避免与皮肤接触，密封于干燥处保存。

11.高锰酸钾

高锰酸钾的分子式是 $KMnO_4$，相对分子质量 158.03，深紫色或类似青铜色有金属光泽的结晶，无味，熔点 240℃，溶于水、碱液，微溶于甲醇、丙酮、硫酸。高锰酸钾稳定，但与某些有机物或易氧化物接触，易发生爆炸。遇醇或其他有机溶剂或浓酸即分解而释放出游离氧，属强氧化剂，外用有杀菌作用。该品与易燃品接触能引起燃烧，要避免接触的物质包括还原剂、强酸、有机材料、易燃材料、过氧化物、醇类和化学活性金属。密闭于干燥处保存。

附录

附录2　常用有机化合物的物理常数

化学名称	分子量	密度（kg/m³）	熔点（℃）	沸点（℃）	折射率 n_D^{20}	性状	溶解性
乙醇 ethanol	46.07	0.7893	−117.3	78.4	1.3614	易燃液体,无色透明,易挥发	溶于水、甲醇、乙醚和氯仿
环已醇 Cyclohexanol	100.16	0.9624	25.2	161	1.4650	无色晶体或液体,有樟脑气味	稍溶于水,溶于乙醇、乙醚、苯、二硫化碳和松节油
环已烯 cyclohexene	82.14	0.8098	−103.7	83.19	1.4465	无色液体	不溶于水,溶于乙醇、乙醚
乙醚 Ethyl ether	74.12	0.7135	−116.2	34.5	1.3526	有特殊气味,易流动的无色透明液体	难溶于水,易溶于乙醇和氯仿,能溶解脂肪、脂肪酸
正丁醇 n-butanol	74.12	0.8098	−89.53	117.7	1.3993	有酒气味,无色液体	溶于水,能与乙醇、乙醚混溶
2-甲基2-丁醇 2-methyl-2-butanol	88.15	0.8059	−8.4	−8.4	1.4052	无色透明液体,有特气味殊	溶于水,能与乙醇、乙醚混溶
乙酸酐 ethanoic anhydride	102.09	1.0820	−73	139	1.3904	无色液体,有刺激性气味和催泪作用	溶于乙醇、乙醚、苯和氯仿

续表

化学名称	分子量	密度（kg/m^3）	熔点（℃）	沸点（℃）	折射率 n_D^{20}	性状	溶解性
乙酸 acetic acid	60.05	1.0490	16.7	118	1.3718	无色澄清液体，有刺激气味	溶于水、乙醇、乙醚等
环己酮 cyclohexanone	98.14	0.9478	-16.4	155.7	1.4507	有丙酮气味的无色油状液体	微溶于水，较易溶于乙醇和乙醚
乙酰苯胺 N-phenylacetamide	135.17	1.2105	115	305	1.5860	白色鳞片状晶体	溶解度：水 0.56（25℃），乙醇 36.9（25℃），微溶于乙醚、丙酮、苯，不溶于石油醚
乙酸乙酯 ethyl acetate	88.12	0.9005	-83.6	77.1	1.3723	有果子香气的无色可燃性液体	微溶于水、溶于乙醇、氯仿、乙醚和苯等
苯胺 aminobenzene	93.13	1.0216	-6.2	184.4	1.5863	无色油状液体，有强烈气味，有毒	稍溶于水，与乙醇、乙醚和苯混溶
肉桂酸 cinnamic acid	148.17	1.245	133	300	-	无色针状晶体	不溶于冷水，溶于热水、乙醇、乙醚、丙酮和冰醋酸
水杨酸 salicylic acid	138.12	1.4430	159	211	1.5650	白色针状晶体或粉末	微溶于冷水，易溶于乙醇、乙醚、氯仿和沸水
乙酰水杨酸 acetysalicylic acid	180.16	1.3500	136	-	-	白色结晶性粉末，略带酸味	微溶于水，溶于乙醇、乙醚、氯仿，溶于碱溶液

附录

附录3 常用酸碱溶液的密度和浓度

溶液名称	密度 d_4^{20}(g/cm³)	质量分数(%)	物质的量浓度(mol/L)
浓硫酸	1.84	95~96	18
稀硫酸	1.18	25	3
稀硫酸	1.06	9	1
浓盐酸	1.19	38	12
稀盐酸	1.10	20	6
稀盐酸	1.03	7	2
浓硝酸	1.40	65	14
稀硝酸	1.20	32	6
稀硝酸	1.12	19	2
浓氢氟酸	1.13	40	23
氢溴酸	1.38	40	7
氢碘酸	1.70	57	7.5
冰醋酸	1.05	99~100	17.5
稀醋酸	1.04	35	6
稀醋酸	1.02	12	2
浓氢氧化钠	1.36	33	11
稀氢氧化钠	1.09	8	2
浓氨水	0.88	35	18
稀氨水	0.96	11	6
稀氨水	0.99	3.5	2

参考答案

第 1 章　有机化学实验的基本知识

思考题答案

1.A.小器皿内着火：马上用玻璃板、石棉板、金属板等覆盖，可使其立即熄灭。

B.油类物质着火：药用砂或灭火器，还可以撒上干燥的固体碳酸氢钠粉末。

C.衣服着火：不要惊慌地到处乱跑，着火者可就地滚动，压灭火焰，同时用水冲淋，使火彻底熄灭。

D.电器着火：应立即切断电源，然后用灭火器灭火，灭火的时候从四周向中心扑灭。

2.使用温度计时应注意：不能测量超过温度计量程的温度；不能骤然将温度计插入到高温溶液里，也不能骤然给高温的温度计降温；不能将温度计当搅拌棒来使用。

3.通常的选择标准是：塞子的大小应该和所塞的仪器口部相适应，要求塞子进入颈口部分不能少于塞子本身高度的 1/3，也不能多于 2/3。

4.晾干、吹干、烘干、使用有机溶剂干燥。

5.仪器倒置时，水成股流下，器壁不挂水珠。

6.酒精灯、煤气灯和电子炉等直接加热，水浴、油浴、沙浴、空气浴、电热套加热。

7.不能用手直接接触剧毒药品，每次实验之后都要立即洗手。五官或伤口切忌不能接触有毒物质，接触时要戴着橡皮手套。进行产生有毒或有腐蚀性气体的实验室，应在通风橱内操作，实验中头部不能伸入橱内。为了防止误服化学药品而中毒，严禁将食品带入实验室。

8.吸入毒气中毒，要将中毒者移至室外，揭开衣领及纽扣，如果吸入氯气和溴气，可用碳酸氢钠溶液漱口，必要时做人工呼吸并送医院治疗。

9.使用磨口仪器时一般不用涂润滑剂，以免污染反应物和产物，若反应物中有强碱时，应涂上一层凡士林；磨口处必须洁净，不能沾有固体杂物，否则会使磨口对接不密，导致漏气或使磨口损坏甚至仪器分离打碎；实验结束后立即拆洗仪器，各部件分开存放，活塞不能随意调换。

10.五氧化二磷、浓硫酸、氧化钙、碱石灰、烧碱、无水硫酸钠、无水硫酸铜。

11.实验室要常备三种灭火器，即二氧化碳灭火器、四氯化碳灭火器和泡沫灭火器。

第2章　有机化学实验的基本操作技术

2.1　思考题答案

1.如果温度计水银球位于支管口之上，蒸气还未达到温度计水银球就已从支管流出，则测定沸点时，数值偏低。若按规定的温度范围集取馏分，则按此温度计位置集取的馏分比规定的温度偏高，并且将有一定量的该收集的馏分误作为前馏分而损失，使收集量偏少。

如果温度计的水银球位于支管口之下或液面之上，则测定沸点时，数值将偏高。若按规定的温度范围集取馏分，则按此温度计位置集取的馏分比要求的温度偏低，并且将有一定量的该收集的馏分误认为后馏分而损失。

2.通过玻璃漏斗小心倒入蒸馏瓶中，不要使液体从支管流出（紧靠对面的玻璃壁）。

3.防止液体暴沸，使沸腾保持平稳。当液体加热至沸点时，沸石的空隙

能产生很多细小的气泡，形成沸腾中心，在持续沸腾时，沸石可以继续有效。一旦停止沸腾或中途停止蒸馏，则原有的沸石失效，应补加新的沸石。（注意：不能在液体加热近沸腾时补加沸石，否则会引起暴沸，使液体冲出瓶外，发生着火事故。）

4.冷却效果好。

5.所测沸点不准。

6.不能，应先停止加热，待温度降低再通冷却水。

7.不一定，因为共沸物是混合物但也有恒定沸点。

8.蒸馏可将易挥发的物质和不挥发的物质分开；将沸点不同的液体化合物分开，但不同液体沸点必须相差30℃以上；可测化合物的沸点。

2.2 思考题答案

1.利用蒸馏和分馏来分离混合物的原理是一样的，实际上分馏就是多次的蒸馏。分馏是借助于分馏柱使一系列的蒸馏不需多次重复，一次得以完成的蒸馏。最精密的分馏设备能将沸点相差仅1~2℃的混合物分开，所以两种沸点很接近的液体组成的混合物能用分馏来提纯。

2.因为加热太快，馏出速度太快，热量来不及交换（易挥发组分和难挥发组分），致使水银球周围液滴和蒸气未达平衡，一部分难挥发组分也被气化上升而冷凝，来不及分离就一起被蒸出，所以分离两种液体的能力会显著下降。

3.保持回流液的目的在于让上升的蒸气和回流液体，充分进行热交换，促使易挥发组分上升，难挥发组分下降，从而达到彻底分离它们的目的。

4.装有填料的分馏柱上升蒸气和下降液体（回流）之间的接触面加大，更有利于它们充分进行热交换，使易挥发的组分和难挥发组分更好地分开，所以效率比不装填料的要高。

5.当某两种或三种液体以一定比例混合，可组成具有固定沸点的混合物，将这种混合物加热至沸腾时，在气液平衡体系中，气相组成和液相组成一样，故不能使用分馏法将其分离出来，只能得到按一定比例组成的混合物，这种混合物称为共沸混合物或恒沸混合物。

6.在分馏时通常用水浴或油浴,使液体受热均匀,不易产生局部过热,这比直接火加热要好得多。

2.3 思考题答案

1.插入容器底部的目的是使瓶内液体充分加热和搅拌,更有效地进行水蒸气蒸馏。

2.除去水蒸气中冷凝下来的水,可使水蒸气发生器与大气相通。

3.经常要检查安全管中水位是否正常。若安全管中水位上升很高,说明系统有堵塞现象,这时应立即打开止水夹,让水蒸气发生器和大气相通,排除故障后方可继续进行蒸馏。

4.(1)不溶或难溶于水;(2)共沸腾下与水不发生化学反应;(3)在100℃左右时,必须具有一定的蒸气压[666.5~1333Pa(5~10mmHg)]。

5.(1)某些沸点高的有机化合物,在常压蒸馏虽可与副产品分离,但易将其破坏。(2)混合物中含有大量树脂状杂质或不挥发性杂质,采用蒸馏、萃取等多种方法都难以分离的。(3)从较多固体反应物中分离出被吸附的液体。

6.(1)在进行水蒸气蒸馏之前,应认真检查水蒸气蒸馏装置是否严密。(2)开始蒸馏时,应将T形管的止水夹打开,待有蒸气溢出时再旋紧夹子,使水蒸气进入三颈烧瓶中,并调整加热速度,以馏出速度2~3滴/s为宜。(3)操作中要随时注意安全管中的水柱是否有异常现象发生,若有,则应立即打开夹子,停止加热,找出原因,排除故障后方可继续加热。

7.当流出液澄清透明不再含有有机物质的油滴时,即可断定水蒸气蒸馏结束(也可用盛有少量清水的锥形瓶或烧杯来检查是否有油珠存在)。

2.4 思考题答案

1.生石灰起吸水和中和作用,以除去部分酸性杂质,让咖啡因转化为游离态利于升华。后期的氧化钙主要起吸水作用。

2.只适用于那些在低温(小于熔点很多)下有足够大的蒸气压(>20mmHg)的固体物质。

3.防止有机物炭化。

2.5 思考题答案

1.(1)选择适宜溶剂,制成热的饱和溶液。(2)热过滤,除去不溶性杂质(包括脱色)。(3)抽滤、冷却结晶,除去母液。(4)洗涤干燥,除去附着母液和溶剂。

2.过量太多,不能形成热饱和溶液,冷却时析不出结晶或结晶太少。过少,有部分待结晶的物质热溶时未溶解,热过滤时和不溶性杂质一起留在滤纸上,造成损失。考虑到热过滤时,有部分溶剂被蒸发损失掉,使部分晶体析出留在滤纸上或漏斗颈中造成结晶损失,所以适宜用量是制成热的饱和溶液后,再多加10%~20%。

3.活性炭可吸附有色杂质、树脂状物质以及均匀分散的物质。因为有色杂质虽可溶于沸腾的溶剂中,但当冷却析出结晶体时,部分杂质又会被结晶吸附,使得产物带色,所以用活性炭脱色要待固体物质完全溶解后才加入,并煮沸5~10min。要注意活性炭不能加入已沸腾的溶液中,以免溶液暴沸而从容器中冲出。

4.有机溶剂往往不是易燃就是有一定的毒性,也有两者兼有的。操作时要熄灭邻近的一切明火,最好在通风橱内操作。常用三角烧瓶或圆底烧瓶作容器,因为它们瓶口较窄,溶剂不易发,又便于摇动,促使固体物质溶解。若使用的溶剂是低沸点易燃的,则严禁在石棉网上直接加热,必须装上回流冷凝管,并根据其沸点的高低,选用热浴。若固体物质在溶剂中溶解速度较慢,需要较长时间,那么也要装上回流冷凝管,以免溶剂损失。

5.在溶解过程中会出现油状物,此油状物不是杂质。乙酰苯胺的熔点为114℃,但当乙酰苯胺用水重结晶时,往往于83℃就熔化成液体,这时在水层有溶解的乙酰苯胺,在熔化的乙酰苯胺层中含有水,故油状物为未溶于水而已熔化的乙酰苯胺,所以应继续加入溶剂,直至完全溶解。

6.滤纸大于漏斗瓷孔面时,滤纸将会折边,那样滤液在抽滤时将会自滤纸边沿吸入瓶中,而造成晶体损失。所以不能大,只要盖住瓷孔即可。

7.不先拔除橡皮管就关水泵,水会倒吸入抽滤瓶内。

8.(1)与被提纯的有机化合物不起化学反应。(2)对被提纯的有机物应具有热溶,冷不溶的性质。(3)杂质和被提纯物质,应一个热溶,一个热不溶。(4)要提纯的有机物能在其中形成较整齐的晶体。(5)溶剂的沸点不宜太低(易损),也不宜太高(难除)。(6)价廉、易得、无毒。

9.溶剂挥发多了,会有部分晶体在热过滤时析出留在滤纸上和漏斗颈中,造成损失,若用有机溶剂,挥发多了,造成浪费,还污染环境。为此,过滤时漏斗应盖上表面皿(凹面向下),可减少溶剂的挥发。盛溶液的容器,一般用锥形瓶(水溶液除外),也可减少溶剂的挥发。

10.用重结晶的同一溶剂进行洗涤,用量应尽量少,以减少溶解损失。如果重结晶的溶剂的熔点较高,那么在用原溶剂至少洗涤一次后,可用低沸点的溶剂洗涤,使最后的结晶产物易于干燥(要注意此溶剂必须能和第一种溶剂互溶,而对晶体是不溶或微溶的)。

11.(1)正确选择溶剂;(2)溶剂的加入量要适当;(3)活性炭脱色时,一是加入量要适当,二是切忌在沸腾时加入活性炭;(4)吸滤瓶和布氏漏斗必须充分预热;(5)滤液应自然冷却,待有晶体析出后再适当加快冷却速度,以确保晶形完整;(6)最后抽滤时要尽可能将溶剂除去,并用母液洗涤有残留产品的烧杯。

2.6 思考题答案

1.平面偏振光通过含有某些光学活性的化合物液体或溶液时,能引起旋光现象,使偏振光的平面向左或向右旋转,旋转的度数,称为旋光度(用 α 表示)。旋光度不仅与化学结构有关,还和测定时溶液的浓度、液层的厚度、温度、光的波长以及溶剂有关。比旋光度:平面偏振光透来过长 1dm 并每 1ml 中含有旋光性物质 1g 的溶液,在一定波长与温度下测得的旋光度称为比旋光度(用$[\alpha]_D^t$表示)。

2.测定前以溶剂作空白校正,测定后,再校正一次,以确定测定时零点有无变动,如第二次校正时发现零点有变动,则应重新测定旋光度。配制溶液及测定时,应调节温度为 20±0. 5℃。供试的液体或固体样品的溶液应不显浑浊或含有混悬的小颗粒,如有上述现象,则应预先过滤,并弃去初滤液。

3.溶剂、光的波长、物质的化学结构、溶液的浓度、温度的影响。

4.可以。

5.折光率是物质的重要物理常数之一,许多纯物质都有一定的折射率,如果其中含有杂质则折射率将发生变化,出现偏差,杂质越多,偏差越大。因此通过折射率的测定,可以测定溶液的浓度。

6.阿贝折光仪采用了“半明半暗”的方法:让单色光从 0~90°的所有角度从介质 A 射入介质 B,这时介质 B 中临界角以内的整个区域均有光线通过,因而是明亮的,而临界角以外的全部区域是暗的,在介质 B 的上方用一目镜观测,就可以看到一个界线十分清晰的半明半暗的象。介质 B 不同,临界角就不同,目镜中明暗两区的界线位置也不一样。在目镜中刻一十字交叉线,通过改变目镜与介质 B 的相对位置,使每次明暗界线总是通过十字交叉线的交点,测定其相对位置,并经换算,便可得到折光率。

7.折光率等于光在真空中的传播速度与在液体中的传播速度之比,光在真空中的传播速度大于在液体中的传播速度,因此液体的折光率不会小于 1。

2.7 思考题答案

1.虹吸现象。从固体中萃取物质常用索氏提取器,圆底烧瓶装溶剂,加热时溶剂蒸气经过竖着的玻璃侧管进入冷凝管,被冷凝后回流到提取器内装有固体物料的滤纸筒中,当溶液积聚到一定高度(弯曲的虹吸管的顶部水平线),即带着部分溶出物沿虹吸管流回到烧瓶中,溶剂不断地从烧瓶中蒸发,把冷凝液积聚到一定高度时又虹吸下来,如此循环萃取,最后便可把固体中的可溶性物质富集到烧瓶中。固体物料一般只能装至纸筒 3/4 的高度,然后用一层经溶剂萃取过的棉花盖在固体上,便可放入萃取器中进行连续萃取操作。要求被提取的有机物质比较稳定,在长时间的加热回流过程中,不会发生氧化分解或者变质。

2.不可以,乙醚会溶解水,把水带入脂层中,会影响乙醚的渗透与提取效果。

3.乙醚是易燃、易爆物质,应注意通风并且不能有火源。乙醚若放置时间过长,会产生过氧化物。过氧化物不稳定,当蒸馏或干燥时会发生爆炸,故使用前应严格检查,并除去过氧化物。

4.物质的性质、时间、温度、浓度、萃取剂与被萃取物的溶解度差值等因素。

5.因为加热时溶剂蒸气不能经过竖着的玻璃侧管进入冷凝管。

6.实样品应干燥后研细,装样品的滤纸筒一定要紧密,不能往外漏样品;实验过程中不能接触明火;样品含水量较低时可选用无水乙醚作为溶剂,样品含水量高是只能选择石油醚做溶剂;在干燥器中的冷却时间一般要一致。

7.选择石油醚作为溶剂。因为氧与水能形成氢键使穿透组织能力降低,导致乙醚抽提能力下降;石油醚溶解脂肪的能力虽然比乙醚弱些,但吸收水分比乙醚少,使用时允许样品含有微量水分,没有胶溶现象。另外可选择罗斯哥特里法、酸分解法等测定脂肪含量的其他方法。

2.8 思考题答案

1.当实验条件严格控制时,每种化合物在选定的固定相和流动相体系中有特定的 R_f 值,但是在实际工作中,R_f 值的重复性较差,因此不能用孤立地用比移值 R_f 来进行鉴定。然而,当未知物与已知物在同一薄层板上,用几种不同的展开剂展开都有相同的 R_f 值时,那么就可以确定未知物与已知物相同。

2.把样品滴加到薄层板上的操作,称为点样。将样品用易挥发溶剂配成1%~5%的溶液。样品浓度过大,会引起斑点拖尾,浓度过稀又会造成斑点扩散,影响分离效果。在距薄层板的一端 10mm 处,用铅笔轻画一条横线作

为点样时的起点线,在距薄层板的另一端 5mm 处,再画一条横线作为展开剂向上爬行的终点线(画线时不能将薄层板表面破坏)。用内径小于 1mm 干净并且干燥的毛细管吸取少量的样品,轻轻触及薄层板的起点线(点样),然后立即抬起,待溶剂挥发后,再触及第二次,这样点 3~5 次即可,如果样度浓度低可多点几次。在点样时应做到"少量多次",即每次点的样品量要少一些,点的次数可以多一些,这样可以保证样品点既有足够的浓度点又小。点好样品的薄层板待溶剂完全挥发后再放入展开缸中进行展开。

3.加入荧光剂的硅胶 GF_{254}、三氯化铁水溶液、浓硫酸、浓盐酸和浓磷酸等。

4.利用混合物中各组分的物理化学性质间的差异(溶解度、分子极性、分子大小、分子形状、吸附能力、分子亲合力等),使各组分在支持物上集中分布在不同区域,借此将各组分分离。层析法进行时有两个相,一个相称为固定相(Stationary phase),另一相称为流动相(Mobile phase)。由于各组分所受固定相的阻力和流动相的推力影响不同,各组分移动速度也各异,从而使各组分得到分离。

薄层色谱适用于分离少量样品,主要用于分析鉴定;柱色谱的分离原理与薄层色谱类似,但柱色谱可用于分离较大量的样品。

5.根据组分在固定相中的作用原理不同,可分为吸附色谱、分配色谱、离子交换色谱、排阻色谱等;根据操作条件的不同,又分为柱色谱、纸色谱、薄层色谱、气相色谱及高效液相色谱等类型。

6.薄层色谱是将吸附剂均匀地附着于一块方形玻璃上,经干燥活化后,将样品点在薄层板的一端,用极性合适的溶剂作为展开剂(流动相)从样品端流向另一端,从而将各组分分离开方法。其操作分为:(1)硅胶硬板的制备与活化;(2)点样;(3)展开剂的选择和展开;(4)显色;(5)计算比移值 R_f。定性依据是 R_f。

$$R_f=\frac{\text{溶质量高浓度中心至原点中心的距离}}{\text{溶剂前沿至原点中心的距离}}$$

7.柱色谱又称柱层析,是将固定相装入一根垂直放置的空心柱中,将待分离的混合物加到固定相的上端,流动相(洗脱剂)从上至下不断流经色谱柱,利用吸附剂对各组分吸附能力的不同,将混合物中各组分分开,依次从色谱柱中洗脱出来的方法。柱中留有空气或填装不均匀,会造成洗脱剂流动不规则而形成“沟流”,引起色谱带变形,影响分离效果。

第 3 章　有机化合物的制备实验

3.1　思考题答案

1.酯化反应,是醇跟羧酸或含氧无机酸生成酯和水的一类有机化学反应。羧酸跟醇的酯化反应是可逆的(当反应达到平衡,酯的产量就不再随着反应时间的增加而增加),通常情况下反应进行不彻底,并且一般反应极为缓慢,故常用酸作催化剂。反应时,羧酸脱去的羟基与醇羟基上脱去的氢原子结合生成水,其余部分结合生成酯。为提高酯的产率,可采用以下三种方法:(1)加入过量的乙醇;(2)使用浓硫酸作为催化剂且稍微过量,利用浓硫酸可吸水使反应正向移动;(3)在反应过程中,不断蒸出产物酯和水。

2.可以采用醋酸过量的方法,因为可使乙醇转化完全的同时,还避免了由于乙醇、水及乙酸乙酯形成二元或三元恒沸物从而给分离带来的困难。

3.粗乙酸乙酯中含有乙酸、乙醇、乙醚、水等杂质。乙醚沸点低(34.5℃),在多次洗涤及蒸馏中极易挥发除去;乙酸使用饱和 Na_2CO_3 与其反应生成 CO_2 除去;乙醇易与 $CaCl_2$ 形成配合物,从而溶在水层被除去;水易与无水 $MgSO_4$ 生成水合物,从而被干燥除去。

4.因为:

(1)其能溶解 Na_2CO_3,从而将多余的 Na_2CO_3 从酯层中除去。

(2)对有机层起盐析作用,使乙酸乙酯在水层中的溶解度大大降低。

(3)盐水的相对密度大,在洗涤后,便于两相分层。

乙酸乙酯在水中的溶解度较大,15℃时 100g 水中能溶解 8.5g(或每 17 份水中能溶解 1 份乙酸乙酯),故不能用水来洗去 Na_2CO_3。

5.(1)分离液体时,分液漏斗上的小孔未与大气相通就打开旋塞。

(2)分离液体时,将漏斗拿在手中进行分离。

(3)上层液体经漏斗的下口放出。

(4)没有将两层间存在的絮状物放出。

3.2 思考题答案

1.反应中生成的有毒和刺激性气体(如卤化氢、二氧化硫)或反应时通入反应体系而没有完全转化的有毒气体(如氯气),进入空气中会污染环境,此时要用气体吸收装置吸收有害气体。选择吸收剂要根据被吸收气体的物理、化学性质来决定。可以用物理吸收剂,如用水吸收卤化氢;也可以用化学吸收剂,如用氢氧化钠溶液吸收氯和其他酸性气体。

2.若未反应的正丁醇较多,或因蒸馏过久而蒸出一些氢溴酸恒沸液,则液层的相对密度发生变化,正溴丁烷就可能悬浮或变为上层。遇此现象可加清水稀释,使油层(正溴丁烷)下沉。

3.油层若呈红棕色,说明含有游离的溴。可用少量亚硫酸氢钠水溶液洗涤以除去游离溴。

反应方程式为:

$$Br_2+NaHSO_3+H_2O \rightarrow 2HBr+NaHSO_4$$

4.作用是:反应物、催化剂。过大时,反应生成大量的 HBr 跑出,且易将溴离子氧化为溴单质;过小时,反应不完全。

5.可能含有杂质为:$n-C_4H_9OH$,$(n-C_2H_5)_{20}$,HBr,$n-C_4H_9Br$,H_2O。

各步洗涤目的:①水洗除 HBr、大部分 $n-C_4H_9OH$;②浓硫酸洗去$(n-C_4H_9)_{20}$,余下的 $n-C_4H_9OH$;③再用水洗除大部分 H_2SO_4;④用 $NaHCO_3$ 洗除余下的 H_2SO_4;⑤最后用水洗除 $NaHSO_4$ 与过量的 $NaHCO_3$ 等残留物。

用浓硫酸洗时要用干燥分液漏斗的目的是防止降低硫酸的浓度,影响洗涤效果。

如果 1-溴丁烷中含有正丁醇,蒸馏时会形成前馏分(1-溴丁烷-正丁醇的恒沸点 98.6℃,含正丁醇 13%),而导致精制产率降低。

6.从分液漏斗中倒出一点上层液或放出一点下层液于一盛水试管中，看是否有油珠出现来判断。

7.先用水洗，可以除去一部分硫酸，防止用碳酸氢钠洗时，碳酸氢钠与硫酸反应生成大量二氧化碳气体，使分液漏斗中压力过大，导致活塞蹦出。

8.在此过程中，摇动后会产生气体，使得漏斗内的压力大大超过外界大气压。如果不经常放气，塞子就可能被顶开而出现漏液。操作如下：将漏斗倾斜向上，朝向无人处，无明火处，打开活塞，及时放气。

9.会有 Br_2 产生。

10.反应完毕，除得到主产物 1-溴丁烷外，还可能含有未反应的正丁醇和副反应物正丁醚。另外，还有无机产物硫酸氢钠，用通常的分液方法不易除去，故在反应完毕再进行粗蒸馏，一方面使生成的 1-溴丁烷分离出来，另一方面粗蒸馏过程可进一步使醇与氢溴酸的反应趋于完全。

11.H_2SO_4（浓）$+CH_3CH_2CH_2CH_2OH \rightarrow CH_3CH_2CH=CH_2+H_2O$

H_2SO_4（浓）$+ 2CH_3CH_2CH_2CH_2OH \rightarrow CH_3CH_2CH_2CH_2OCH_2CH_2CH_2CH$ $+H_2O$

控制反应温度不要过高。

12.有机反应很多情况下是在溶剂、原料的沸腾温度或较高温度下进行的，为了防止溶剂、原料或产物逸出反应体系引起损失、带来污染及不安全因素，常需要采用回流装置。因为球形冷凝管冷凝面积大，各处截面积不同，冷凝物易回流下来。

13.硫酸浓度太高：(1)会使 NaBr 氧化成 Br_2，而 Br_2 不是亲核试剂。

$$2NaBr+3H_2SO_4(浓) \rightarrow Br_2+SO_2+2H_2O+2NaHSO_4$$

(2)加热回流时可能有大量 HBr 气体从冷凝管顶端逸出形成酸雾。

硫酸浓度太低：生成的 HBr 量不足，使反应难以进行。

14.(1)降低浓硫酸的氧化性，防止副反应的产生；(2)使生成的溴化氢气体充分溶解于水中，变成氢溴酸与正丁醇充分反应。

15.此反应主要是按 SN2 机理进行的。机制如下：实验中采取了下列措施促使可逆反应的平衡向生成 1-溴丁烷的方向移动。

(1)加了过量的浓硫酸。浓硫酸在此反应中除与 NaBr 作用生成氢溴酸

外，过量的浓硫酸作为吸水剂可移去副产物水；同时又作为氢离子的来源以增加质子化醇的浓度，使不易离去的羟基转变为良好的离去基团 H_2O。

(2)加入适当过量的 NaBr。过量的 NaBr 在过量的硫酸作用下就可以产生过量的氢溴酸。

(3)在反应进行到适当的时候，边反应边蒸馏，移去产物 1-溴丁烷。

16.加少量水的作用：(1)防止反应时产生大量的泡沫；(2)减少反应中 HBr 的挥发；(3)减少副产物醚、烯的生成；(4)减少 HBr 被浓硫酸氧化成 Br_2。

加水的量不宜过多。因为正丁醇与氢溴酸反应制 1-溴丁烷是可逆反应，副产物是水，增加水的量，不利于可逆反应的平衡向生成 1-溴丁烷的方向进行。

17.因为浓硫酸加水稀释时会产生大量的热，若不经冷却就加正丁醇和溴化钠，则在加料时，正反应和逆反应就立即发生，不利于操作，甚至造成危险。若先使溴化钠与浓硫酸混合，则立即产生大量的溴化氢，同时有大量泡沫产生而冲出来，不利于操作，也不利于反应。

18.可能发生的副反应有：

$$CH_3CH_2CH_2CH_2OH \xrightarrow[H_SO_4]{NaBr} CH_3CH_2CH_2CH_2OCH_2CH_2CH_2CH_3+H_2O$$

$$CH_3CH_2CH_2CH_2OH \xrightarrow[H_SO_4]{NaBr} CH_3CH_2\underset{\displaystyle Br}{\underset{|}{C}}HCH_3$$

粗产物中可能含有的杂质有：正丁醇、正丁醚、水和少量的 2-溴丁烷。

19.主要除去正丁醇、正丁醚及水。因为醇、醚及水能与浓硫酸形成盐而溶在硫酸溶液中。另外，浓硫酸有吸湿性。

20.若不用浓硫酸洗涤粗产物，则在下一步蒸馏中，正丁醇与 1-溴丁烷由于可形成共沸物(b.p.98. 6℃，含正丁醇 13%)，难以除去，使产品中仍然含有正丁醇杂质。

21.(1)蒸出液是否由浑浊变为澄清；(2)反应瓶上层油层是否消失；(3)取一支试管收集几滴馏液，加少许水振动，观察有无油珠出现，若无则表明有机物已被蒸完。

22.蒸馏粗产物后,残留物应趁热倒出反应瓶,否则,反应瓶中的残留物亚硫酸氢钠冷却后结块,很难倒出来。

23.(1)加料时,在水中加浓硫酸后待冷却至室温,再加正丁醇和溴化钠;(2)溴化钠要研细,且应分批加,反应过程中经常振摇,防止溴化钠结块和使反应物充分接触;(3)严格控制反应温度,保持反应液呈微沸状态;(4)加料时加适量的水稀释浓硫酸。

24.用无水氯化钙干燥水分是可逆过程。若不滤掉,则蒸馏时,由于受热,$CaCl_2 \cdot 6H_2O$ 又会将水释放出来,这样就没有达到干燥的目的。2-溴丁烷很可能是副产物 2-丁烯与 HBr 作用而得。

3.3　思考题答案

1.如果温度过高,分馏速度过快,使未反应的环己醇因与水形成共沸物或产物环己烯与水形成共沸混合物而影响产率,产品纯度下降。

加氯化钠的目的是使水饱和减少产品的溶解。

2.因为环己烯可以和水形成二元共沸物,如果蒸馏装置没有充分干燥而带水,在蒸馏时则可能因形成共沸物而使前馏分增多而降低产率。

3.(1)环己醇的黏度较大,尤其室温低时,量筒内的环己醇很难倒净而影响产率;(2)磷酸和环己醇混合不均,加热时产生碳化;(3)反应温度过高、馏出速度过快,使未反应的环己醇因与水形成共沸混合物或产物环己烯与水形成共沸混合物而影响产率;(4)干燥剂用量过多或干燥时间过短,致使最后蒸馏是前馏分增多而影响产率。

4.该实验只涉及两种试剂:环己醇和 85%磷酸。磷酸有一定的氧化性,混合不均,磷酸局部浓度过高,高温时可能使环己醇氧化,但低温时不能使环己醇变红。那么,最大的可能就是工业环己醇中混有杂质。工业环己醇是由苯酚加氢得到的,如果加氢不完全或精制不彻底,会有少量苯酚存在,而苯酚却及易被氧化成带红色的物质。因此,本实验现象可能就是少量苯酚被氧化的结果。

将环己醇先后用碱洗、水洗涤后,蒸馏得到的环己醇,再加磷酸,若不变色则可证明上述判断是正确的。

5.(1)磷酸的氧化性小于浓硫酸,不易使反应物碳化;(2)无刺激性气体SO2放出。

6.加饱和食盐水的目的是尽可能的除去粗产品中的水分,有利于分层;减少水中溶解的有机物。

7.(1)取少量产品,向其中滴加溴的四氯化碳溶液,若溴的红棕色消失,说明产品是环己烯;(2)取少量产品,向其中滴加冷的稀高锰酸钾碱性溶液,若高锰酸钾的紫色消失,说明产品是环己烯。

8.羟基与 H^+ 形成

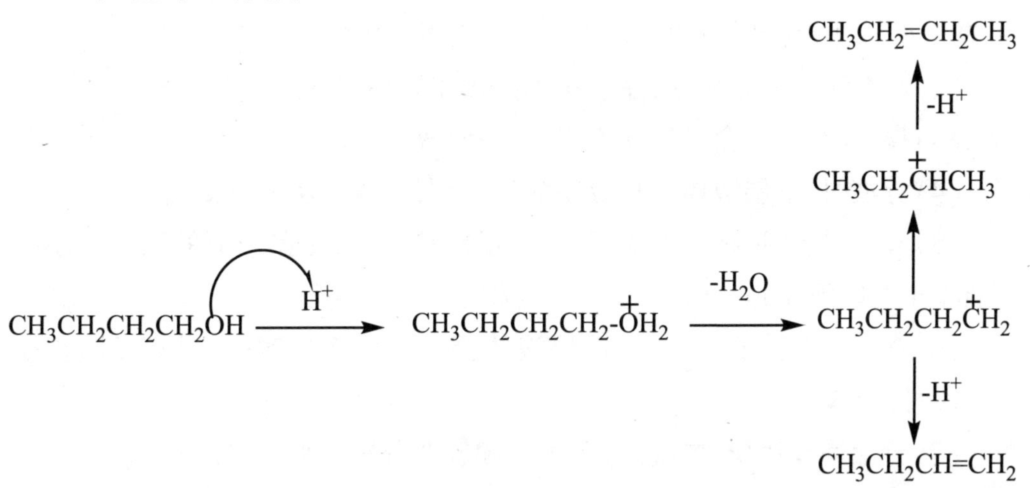

脱水生成碳正离子 C^+,脱氢生成双键。

9.白雾是后期 H_2SO_4 的分解产物 SO_2 与水形成的酸雾。

10.是利用盐析效应促使有机层与无机层的分层。

11.$Ca_2Cl+6H_2O==CaCl_2\cdot6H_2O$,反应可逆加热可以使水回到有机相蒸馏要得到较纯的产物,不能引入杂质,所以要过滤。

12.在纯化有机物时,常用饱和食盐水洗涤,而不用水直接洗涤是利用其盐析效应,可降低有机物在水中的溶解度,并能加快水、油的分层。

13.本实验主反应为可逆反应,提高反应采取的措施是:边反应边蒸出反应生成的环己烯和水形成的二元共沸物,并控制柱顶温度不超过85℃。

14.由于环己烯和水形成的二元共沸物(含水10%)沸点是70.8℃,而原料环己醇也能和水形成二元共沸物(沸点97.8℃,含水80%)。为了使产物以共沸物的形式蒸出反应体系,而又不夹带原料环己醇,本实验采用分馏装置,并控制柱顶温度不超过85℃。

15.采用硫酸作催化剂虽然反应速度较快,但由于硫酸的氧化性比磷酸强,反应时部分原料会被氧化甚至碳化,使溶液颜色加深,产率有所降低。此外,反应时会有少量 SO_2 气化放出。在纯化时,需要碱洗,增加了纯化步骤。

16.防止液体加热时产生过热现象,防止暴沸,使沸腾保持平稳。

17.(1)分液漏斗在长期放置时,为防止盖子的旋塞粘接在一起,一般都衬有一层纸。使用前,要先去掉衬纸,检查盖子和旋塞是否漏水。如果漏水,应涂凡士林后,再检验,直到不漏才能用。涂凡士林时,应在旋塞上涂薄薄一层,插上旋转几周;但孔的周围不能涂,以免堵塞孔洞。

(2)萃取时要充分振摇,注意正确的操作姿势和方法。

(3)振摇时,往往会有气体产生,要及时放气。

(4)分液时,下层液体应从旋塞放出,上层液体应从上口倒出。

(5)分液时,先把顶上的盖子打开,或旋转盖子,使盖子上的凹缝或小孔对准漏斗上口颈部的小孔,以便与大气相通。

(6)在萃取和分液时,上下两层液体都应该保留到实验完毕,以防止操作失误时,能够补救。

(7)分液漏斗用毕,要洗净,将盖子和旋塞分别用纸条衬好。

18.(1)一般要在干燥的小锥形瓶中进行干燥。(2)一般用块状的无水氯化钙进行干燥,便于后面的分离。(3)用无水氯化钙干燥的时间一般要在半个小时以上,并不时摇动。

19.(1)在教材书中,每一章的物理性质都列出了一些常见化合物的物理常数。另外,在多数实验教材书的附表中,也列有一些常见溶剂和物料物理常数。

(2)在图书馆中,查阅相关的手册。主要查阅有机化合物手册、有机合成手册、化学手册、物理化学手册等。

(3)在网上查找,有些网站和化学品电子手册专门提供物理常数。

(4)在实验室的试剂瓶上,一般都列有主要物理性质的常数。

3.4 思考题答案

1.本反应是一个放热反应。温度过高,反应过于激烈,不易控制,易冲出;温度过低,反应不易进行,导致反应不完全。

2.己二酸。

3.将铬酸滴加到热的酸性醇溶液中,以防止反应混合物中有过量的氧化剂存在,并采用将沸点低的醛不断蒸出的方法。

4.氯化钠是离子晶体,溶于水中可增大水的介电常数,使极性小的有机物在水中的溶解度进一步降低,达到萃取分离的目的。

5.能用铬酸氧化法把2-丁醇和2-甲基-2-丙醇区别开来。2-丁醇被氧化为2-丁酮,反应液变绿;2-甲基-2-丙醇不被氧化,反应液无颜色变化。

$$3CH_3\underset{}{\overset{OH}{\overset{|}{C}}}HCH_2CH_3 + Na_2Cr_2O_7 + 5H_2SO_4 \longrightarrow$$

$$3CH_3\overset{O}{\overset{\|}{C}}CH_2CH_3 + Cr_2(SO_4)_3 + 2NaHSO_4 + 7H_2O$$

$$C_6H_5NH_2 \xrightarrow{HCl} C_6H_5\overset{+}{N}H_3Cl^- \xrightarrow[CH_3CO_2Na]{(CH_3CO)_2O} C_6H_5NHCOCH_3 + 2CH_3CO_2H + NaCl$$

6.重铬酸钾(钠)的氧化性比较强,如果一次加入很大量的话,会将环己醇氧化为环己酮,再继续氧化开环生成己二酸,所以加入重铬酸钾(钠)时要分批加入,防止过度氧化。而橙红色消失就是重铬酸钾(钠)反应完全的标志。

3.5 思考题答案

1.不论是吸热反应还是放热反应都需要活化能。对活化能较高的一些反应(室温时仍达不到其活化能的),都需通过外部加热供给能量,使其达到所需要的活化能。开始时加料速度较慢是防止未反应的环己醇聚集过多,一旦反应可能放出大量热产生危险。反应开始后温度已上升,加入的环己醇会迅速反应所以可以加快点。

2.加入亚硫酸氢钠是为了去除未反应的高锰酸钾。

3.实验得到的产品为钠盐,要用盐酸酸化转化为酸。可以用比己二酸强的酸,因为只有用比己二酸强的酸,才能生成己二酸及加入酸的盐,否则就不能把己二酸钠转化己二酸。

3.6 思考题答案

1.充分接触生成的硫酸乙酯,反应才能生成醚。如果不浸没,反应液中就没有产品。

2.碱洗涤除去亚硫酸、醋酸,饱和氯化钠洗涤除去残留的碱,饱和氯化钙洗涤除去未反应的乙醇,蒸馏除去乙烯,无水氯化钙干燥除去水分。

3.反应温度过高生成乙烯,温度过低不能生成醚,会蒸出乙醇。

4.蒸馏时用水浴,并注意控制水浴温度,蒸馏和使用乙醚时要注意防火、防中毒,应在通风透气的地方蒸馏和使用,使用时还要注意清除乙醚生成的过氧化物,防止爆炸。

3.7 思考题答案

1.因为乙酸酐遇水会水解成乙酸,乙酸的 α-碳负离子的亲核能力弱于乙酸酐,使反应很难发生羟醛缩合反应,因此需用无水碳酸钾或无水醋酸钾作为缩合剂,仪器等也必须是干燥的。

2.不能。因为苯甲醛在强碱氢氧化存在下可发生 Cannizzaro 反应。

3.苯甲酸是白色晶体,若不先除去,则混在肉桂酸产品中,由于结构相似,不易除去。久置的苯甲醛应在使用前重新蒸馏后再使用。

4.不加碱则该反应无催化剂,不能产生碳负离子亲核试剂,则反应无法进行,水蒸气蒸馏的馏分中含有苯甲醛和乙酸。

5.最好用油浴加热,控温在 160~180℃,若用电炉加热,则必须使烧瓶底离开电炉 4~5cm,电炉开小些,慢慢加热到回流状态,等于用空气浴进行加

热。如果紧挨着电炉,会因温度太高,反应太激烈,结果形成大量树脂状物质,甚至无法得到肉桂酸,这点是实验的关键。

反应刚开始,会因二氧化碳的放出而有大量泡沫产生,这时候加热温度尽量低些,等到二氧化碳大部分溢出后,再小心加热到回流态,这时溶液呈浅棕黄色。反应结束的标志是反应时间已到规定时间,有少量固体出现。反应结束后,再加热水,可能会出现整块固体,很不好压碎,不要强行压碎它,以免触碎反应瓶。等水蒸气蒸馏时,温度一高,它会自然溶解。

6.除去未反应的苯甲醛。不行,必须用水蒸气蒸馏,因为混合物中含有大量的焦油状物质,通常的蒸馏、过滤、萃取等方法都不适用。当流出液澄清透明不再含有有机物质的油滴时,即可断定水蒸气蒸馏结束(也可用盛有少量清水的锥形瓶或烧杯来检查是否有油珠存在)。

7.(1)混合物中含有大量的固体。

(2)混合物中含有焦油状物质。

(3)在常压下蒸馏会发生分解的高沸点有机物质。

8.(1)在进行水蒸气蒸馏之前,应认真检查水蒸气蒸馏装置是否严密;(2)开始蒸馏时,应将T形管的止水夹打开,当水蒸气发生器里的水沸腾,有大量水蒸气溢出时再旋紧夹子,使水蒸气进入三颈烧瓶中,并调整加热速度,以馏出速度1~2滴/s为宜;(3)操作中要随时注意安全管中的水柱是否有异常现象发生,若有,则应立即打开夹子,停止加热,找出原因,排除故障后方可继续加热。

9.得到2-甲基肉桂酸。

$$C_6H_5\text{—}CHO + (CH_3CH_2CO)_2O \xrightarrow{KAc} C_6H_5\text{—}CH=\underset{\displaystyle CH_3}{\underset{|}{C}}COOH + CH_3COOH$$

10.酸性条件下,羧酸盐自身也能形成碳负离子,因而反应体系中存在两种不同的碳负离子。

3.8 思考题答案

1\.

OH

C

O

O—H

反应方程式：

$$\text{C}_6\text{H}_4(\text{OH})\text{COOH} \xrightarrow[\text{H}^+]{\text{CH}_3\text{CH}_2\text{OH}} \text{C}_6\text{H}_4(\text{OH})\text{COOC}_2\text{H}_5$$

2.由于酚存在共轭体系，氧原子上的电子云向苯环移动，使羟基氧上的电子云密度降低，导致酚羟基亲核能力较弱，进攻乙酸羰基碳的能力较弱，所以反应很难发生。

3.防止乙酸酐水解转化成乙酸。

4.水杨酸形成分子内氢键，阻碍酚羟基酰化作用，导致水杨酸与酸酐直接作用须加热至 150～160℃ 才能生成乙酰水杨酸，如果加入浓硫酸（或磷酸），氢键被破坏，酰化作用可在较低温度下进行，同时副产物大大减少。

5.本实验的副产物包括水杨酰水杨酸酯、乙酰水杨酰水杨酸酯、乙酰水杨酸酐和聚合物。

$$n\,\text{HOOC—C}_6\text{H}_4\text{—OH} \xrightarrow{\text{H}_2\text{SO}_4} \left[\text{—O—C}_6\text{H}_4\text{—COO—C}_6\text{H}_4\text{—COO—}\right]_m + (n\text{-}1)\text{H}_2\text{O}$$

6.用饱和碳酸钠溶液。副产物聚合物不能溶于饱和碳酸钠溶液，而乙酰水杨酸中含羧基，能与碳酸钠反应生成可溶性盐过滤除去。

7.利用水杨酸属酚类物质可与三氯化铁发生颜色反应的特点，用几粒结晶加入盛有 3mL 水的试管中，加入 1～2 滴 1% $FeCl_3$ 溶液，观察有无颜色反应（紫色）。

8.防止乙酸酐水解转化成乙酸。

3.9 思考题答案

1.主要由原料 CH3COOH(b.p.118℃)和生成物水(b.p.100℃)的沸点所决定。控制在 100~110℃,这样既可以保证原料 CH3COOH 充分反应而不被蒸出,又可以使生成的水立即移走,促使反应向生成物方向移动,有利于提高产率。

2.加入盐酸是为了创造反生成苯胺盐酸盐与酸酐互溶利于反应。加入醋酸钠主要是为了形成缓冲体系,减缓乙酸酐水解。

3.苯胺易氧化,锌与乙酸反应放出氢,防止氧化。锌粉少了,防止氧化作用小,锌粉多了,消耗乙酸多,同时在后处理分离产物过程中形成不溶的氢氧化锌,与固体产物混杂在一起,难分离出去。

4.油珠是未溶解的乙酰苯胺。乙酰苯胺冷却后变成固体,里面包夹一些杂质,影响重结晶的质量。应该再补加些水,使它溶解,保证重结晶物的纯度。

5.目的是脱去产物中的有色物质。加入活性炭的量要适当,在较低温度下加入,然后再加热煮沸几分钟,过滤出活性炭。

6.将固体物压实压平,加入洗涤剂使固体物上有一层洗涤剂,待洗涤剂均匀渗入固体,当漏斗下端有洗涤剂滴下后,再抽空过滤,达到洗涤的目的,反复进行几次,即可洗净。

7.用测熔点的方法鉴定乙酰苯胺,有条件的可作红外光谱。

8.活性炭靠吸附分子来除杂质,没有溶解时,杂质分子包裹在未溶的物质中,不能除杂。

9.(1)选择适宜溶剂,制成热的饱和溶液;(2)热过滤,除去不溶性杂质(包括脱色);(3)抽滤、冷却结晶,除去母液;(4)洗涤干燥,除去附着母液和溶剂。

10.过量太多,不能形成热饱和溶液,冷却时析不出结晶或结晶太少。过少,有部分待结晶的物质热溶时未溶解,热过滤时和不溶性杂质一起留在滤纸上,造成损失。考虑到热过滤时,有部分溶剂被蒸发损失掉,使部分晶体析出留在滤纸上或漏斗颈中造成结晶损失,所以适宜用量是制成热饱和溶液后,再多加20%左右。

11.有机溶剂往往不是易燃就是有一定的毒性,也有两者兼有的,操作时要熄灭邻近的一切明火,最好在通风橱内操作。常用三角烧瓶或圆底烧瓶作容器,因为它们瓶口较窄,溶剂不易发,又便于摇动,促使固体物质溶解。若使用的溶剂是低沸点易燃的,严禁在石棉网上直接加热,必须装上回流冷凝管,并根据其沸点的高低,选用热浴,若固体物质在溶剂中溶解速度较慢,需要较长时间,那么也要装上回流冷凝管,以免溶剂损失。

12.滤纸大于漏斗瓷孔面,滤纸将会折边,那样滤液在抽滤时将会自滤纸边沿吸入瓶中,而造成晶体损失。所以不能大,只要盖住瓷孔即可。

13.如不先拔除橡皮管就关水泵,会发生水倒吸入抽滤瓶内。

14.(1)与被提纯的有机化合物不起化学反应;(2)因对被提纯的有机物应具有热溶,冷不溶性质;(3)杂质和被提纯物质,应是一个热溶,一个热不溶;(4)对要提纯的有机物能在其中形成较整齐的晶体;(5)溶剂的沸点,不宜太低(易损),也不宜太高(难除);(6)价廉易得无毒。

15.溶剂挥发多了,会有部分晶体热过滤时析出留在滤纸上和漏斗颈中,造成损失,若用有机溶剂,挥发多了,则造成浪费,还污染环境。为此,过滤时漏斗应盖上表面皿(凹面向下),可减少溶剂的挥发。盛溶液的容器,一般用锥形瓶(水溶液除外),也可减少溶剂的挥发。

16.用重结晶的同一溶剂进行洗涤,用量应尽量少,以减少溶解损失。如果重结晶的溶剂的熔点较高,那么在用原溶剂至少洗涤一次后,可用低沸点的溶剂洗涤,使最后的结晶产物易于干燥(注意:此溶剂必须能和第一种溶剂互溶,而对晶体是不溶或微溶的)。

参考文献

[1]王俊儒,李学强,陈晓婷.有机化学实验[M].3版.北京:高等教育出版社,2019.

[2]曾和平,王辉,李兴奇,等.有机化学实验[M].5版.北京:高等教育出版社,2020.

[3]琚海燕,薛志勇,哈伍族.有机化学实验[M].武汉:华中科技大学出版社,2020.

[4]王玉良,陈静蓉,郑学丽,等.有机化学实验[M].北京:科学出版社,2021.

[5]王清廉,李瀛,高坤,等.有机化学实验[M].北京:高等教育出版社,2018.

[6]武汉大学化学与分子科学学院实验中心.有机化学实验[M].武汉:武汉大学出版社,2019.